CHANDRASEKAR P
PRABHU M.S
PRASANNAKUMAR INAMPUDI

Fabrico de células solares da próxima geração

CHANDRASEKAR P
PRABHU M.S
PRASANNAKUMAR INAMPUDI

Fabrico de células solares da próxima geração

Conceção, fabrico e ensaio de células solares sensibilizadas por corantes da próxima geração

ScienciaScripts

Imprint

Any brand names and product names mentioned in this book are subject to trademark, brand or patent protection and are trademarks or registered trademarks of their respective holders. The use of brand names, product names, common names, trade names, product descriptions etc. even without a particular marking in this work is in no way to be construed to mean that such names may be regarded as unrestricted in respect of trademark and brand protection legislation and could thus be used by anyone.

Cover image: www.ingimage.com

This book is a translation from the original published under ISBN 978-620-6-78433-3.

Publisher:
Sciencia Scripts
is a trademark of
Dodo Books Indian Ocean Ltd. and OmniScriptum S.R.L publishing group

120 High Road, East Finchley, London, N2 9ED, United Kingdom
Str. Armeneasca 28/1, office 1, Chisinau MD-2012, Republic of Moldova, Europe
Printed at: see last page
ISBN: 978-620-7-78733-3

RESUMO

A energia solar, sendo abundante na natureza, oferece uma oportunidade para aproveitar a energia sem libertar gases tóxicos para o ambiente. A energia solar é uma fonte silenciosa e ecológica que possui um imenso potencial para responder às necessidades globais de consumo de energia. Entre as várias tecnologias fotovoltaicas, as células solares sensibilizadas por corantes (DSSC) ganharam atenção como uma opção eficiente e comercialmente viável. As DSSC pertencem à terceira geração de células solares e tornaram-se uma área de investigação proeminente no domínio da energia solar fotovoltaica. São particularmente atractivas devido aos seus processos de fabrico mais simples e à sua relação custo-eficácia em comparação com as células solares baseadas em Si. Este facto contribuiu para a crescente popularidade das DSSC na produção comercial de células solares. No funcionamento das DSSC, a seleção do corante desempenha um papel crucial. A eficiência das DSSC pode ser melhorada aumentando o coeficiente de adsorção das moléculas de corante e alargando a largura de banda do comprimento de onda de absorção. Estas melhorias permitem uma maior absorção da energia solar numa gama mais alargada de comprimentos de onda, conduzindo a uma maior eficiência na conversão de energia. Esta investigação e desenvolvimento contínuos na seleção e otimização de corantes contribuem para a melhoria contínua das DSSC como uma tecnologia promissora para a produção de energia limpa e sustentável.

As DSSC oferecem uma solução fotovoltaica avançada e comercialmente viável no domínio da energia solar energia. Constituem uma alternativa mais limpa para a produção de energia, e a sua simplicidade de fabrico e o seu custo mais baixo em comparação com as células solares baseadas em Si tornam-nas cada vez mais populares. Os esforços para melhorar a eficiência das DSSCs centram-se na seleção de corantes com coeficientes de adsorção mais elevados e gamas de comprimentos de onda de absorção mais amplas, permitindo uma melhor utilização da energia solar.

ÍNDICE DE CONTEÚDOS

Capítulo 1
INTRODUÇÃO

1.1 Motivação

A maior parte dos painéis solares comercialmente disponíveis no mercado utiliza tecnologia baseada no silício, cujo desempenho se deteriora linearmente com o aumento da temperatura. A tecnologia de células solares sensibilizadas por corantes é uma das tecnologias de células solares de terceira geração que utiliza películas finas, tendo sido efectuada uma extensa investigação neste domínio de estudo para desenvolver células solares eficientes para a próxima geração, que sejam baratas e fáceis de fabricar e instalar e cujo desempenho aumente exponencialmente com o aumento da temperatura.

1.2 Visão geral

O projeto envolve o fabrico e a análise de uma Célula Solar Sensibilizada por Corante (DSSC). A DSSC converte a energia luminosa incidente em energia eléctrica, criando uma diferença de potencial entre os eléctrodos e permitindo que a corrente flua através deles. O processo de fabrico inclui a deposição de uma camada de titânia na superfície de óxido de estanho dopado com flúor (FTO) utilizando a técnica de impressão serigráfica.

Para avaliar o desempenho da DSSC, são medidos vários parâmetros eléctricos antes e depois de um processo de degradação. É efectuada uma análise de voltametria cíclica para determinar a densidade da corrente de curto-circuito (Jsc), a tensão de circuito aberto (Voc), o fator de enchimento (FF) e a eficiência de conversão de energia (PCE) antes e depois da degradação. Esta análise fornece informações sobre o comportamento elétrico da célula. Além disso, a Espectroscopia de Impedância Eletroquímica (EIS) é realizada com diferentes tensões de excitação que vão de 0 mV a 700 mV. A EIS ajuda a estudar o gráfico de Nyquist e o gráfico de Bode da DSSC. O gráfico de Nyquist fornece informações sobre a impedância da célula, enquanto o gráfico de Bode mostra a relação entre a frequência (Hz) e o módulo de impedância ($|Z|$), bem como a fase versus frequência.

Além disso, os modelos de rede eléctrica equivalente da DSSC são simulados e analisados utilizando técnicas de ajuste EIS. Os valores e os níveis de tolerância dos modelos de rede equivalentes são obtidos. Este processo de ajuste ajuda a caraterizar o comportamento elétrico da DSSC antes e depois da degradação.

Para apoiar as conclusões do projeto, são fornecidas as representações pictóricas necessárias e os resultados da simulação. Estas incluem imagens que ilustram o procedimento de fabrico e representações gráficas da análise de Voltametria Cíclica, do gráfico de Nyquist e do gráfico de Bode. O software Z View é utilizado para realizar o ajuste EIS e converter a DSSC num modelo de rede eléctrica equivalente. Os valores de qui-quadrado e os níveis de tolerância são obtidos para validar o processo de ajuste

Finalmente, a DSSC é submetida a um processo de degradação, deixando-a em condições de frio, secura e escuridão durante aproximadamente 30 dias. Os parâmetros eléctricos e o comportamento da impedância da DSSC são analisados novamente após a degradação para avaliar o impacto do processo de envelhecimento. Globalmente, o projeto visa desenvolver uma célula solar sensibilizada por corante eficiente, analisando os seus parâmetros eléctricos e o comportamento da impedância utilizando técnicas como a Voltametria Cíclica e a Espectroscopia de Impedância Eletroquímica. Os resultados ajudam a compreender o desempenho e as características de degradação da DSSC, contribuindo para o avanço da tecnologia das células solares.

1.3 Objectivos

- Fabrico de células solares sensibilizadas por corantes através da técnica de impressão serigráfica, utilizando o fotossensibilizador N719 e o CDCA como co-adsorvente.
- Calcular os valores da densidade da corrente de curto-circuito (Jsc), da

tensão de circuito aberto (Voc), do fator de enchimento (FF) e da eficiência de conversão de energia (Pce) antes e depois da degradação durante 30 dias.

- Analisar o gráfico J-V e o gráfico P-V utilizando a análise de voltametria cíclica antes e depois da degradação.
- Utilizar a espetroscopia de impedância eletroquímica em vários níveis de tensão (0-700mV) e analisar o respetivo gráfico de Bode e Nyquist.
- Conceber modelos de rede para cada nível de tensão utilizando a técnica EIS Fitting e registar os valores dos parâmetros do circuito.

Capítulo 2
REVISÃO DA LITERATURA

2.1 Estudo de fundo:

As células solares sensibilizadas por corantes podem ser melhoradas em cada uma das fases do fabrico, o que resulta numa produção eficiente. O corante pode ser selecionado com base na sua capacidade de resistir à temperatura, na sua durabilidade e na sua capacidade de se adsorver à superfície da camada de titânia. A titânia pode ser fabricada através de síntese química ou pode ser facilmente adquirida no mercado. A utilização de carbono barato pode ser utilizada em vez do cátodo revestido de platina, a fim de reduzir as despesas no fabrico de células solares sensibilizadas por corantes. O processo de co-sensibilização pode ajudar a aumentar a eficiência da célula solar sensibilizada por corante e a aumentar a largura de banda do espetro pancromático, o que resulta no preenchimento efetivo das lacunas na superfície da titânia, o que resulta numa transferência eficiente de electrões. O método de impressão serigráfica produz uma distribuição uniforme das nanopartículas de titânia em torno da superfície do condutor, ao passo que o revestimento por centrifugação não é o preferido, pois produz uma distribuição desigual das nanopartículas na superfície (com base na densidade molecular e na velocidade de rotação), com mais partículas na periferia da superfície do que no centro. As técnicas de fabrico da célula solar sensibilizada por corante são explicadas a seguir.

O fabrico convencional de células solares sensibilizadas por corantes (DSSC) é efectuado principalmente de duas formas: Impressão em ecrã e métodos de revestimento por rotação.

Impressão serigráfica

1. Desenvolvido pela primeira vez na década de 1970.

2. Tecnologia de fabrico de células solares mais madura.

3. Processo de fabrico relativamente simples. Melhor método para impressão de grandes áreas com velocidade significativa numa variedade de substratos, especialmente quando a espessura final de impressão necessária é substancial.

4. Um material não permeável cobre as áreas indesejadas da malha e a tinta é empurrada através das restantes regiões para o substrato com uma compressão.

5. Solução económica - Capacidade de lidar com uma produtividade extremamente elevada (até 8.000 bolachas/hora), repetibilidade de impressão (+/- 5 µm).

6. Elevada produtividade e qualidade - Capacidade de processar grandes volumes de bolachas finas com elevado rendimento.

7. O principal problema associado à técnica de impressão serigráfica são as marcas de malha observadas nas películas impressas. As possíveis razões para essas marcas na malha são a reologia da tinta, o diâmetro do fio na malha e a tensão do ecrã. Durante a impressão, forma-se um menisco, que é a fonte de tinta adicional, por baixo da malha. A redução da formação do menisco através da utilização de uma malha com um diâmetro de fio mais pequeno permite nivelar a tinta o mais rapidamente possível.

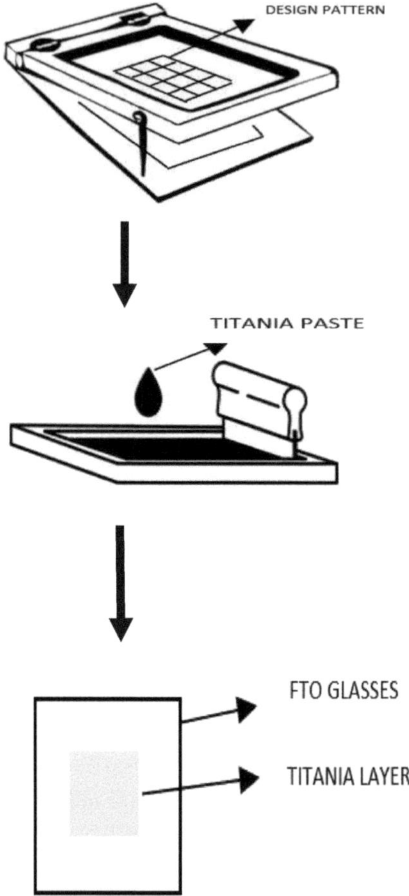

Fig 2.1 Representação esquemática da técnica de impressão serigráfica

TÉCNICA DE REVESTIMENTO POR CENTRIFUGAÇÃO

1. Método para aplicar uma película uniforme numa superfície sólida utilizando a força centrífuga e requer uma interface líquido-vapor.

2. Um dos métodos mais baratos de produção de películas, é amplamente utilizado em células solares processadas em solução.

3. Extensivamente utilizado para fabricar pequenos PSC de cerca de 0,1 cm^2 e dispositivos de grande área de 1 cm^2 .

4. Categorizados em processos de uma e duas etapas.

5. O processo de preparação não é complexo, e a química e a espessura da película de perovskite podem ser reguladas.

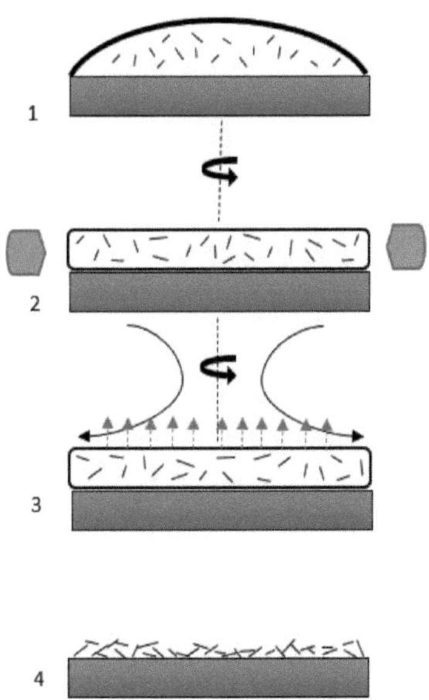

Fig 2.2 Representação esquemática da técnica de revestimento por centrifugação

PROPRIEDADES DAS DSSC's:

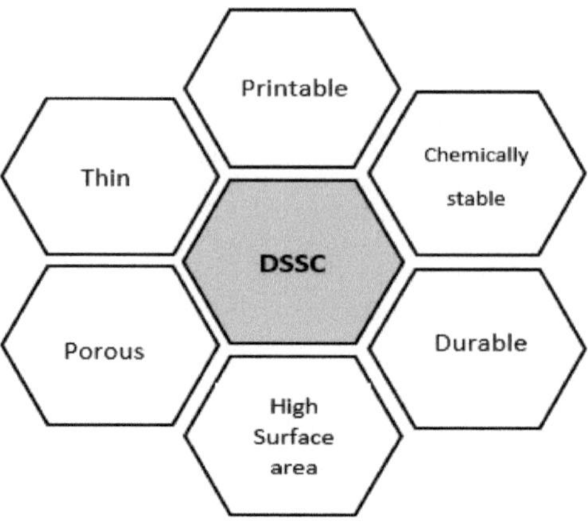

Fig 2.3 Várias propriedades das células solares sensibilizadas por corantes.

1. As DSSC são facilmente imprimíveis utilizando técnicas convencionais, pelo que podem ser impressas várias células de cada vez, o que reduz o tempo de impressão de cada célula.

2. As DSSC são quimicamente estáveis devido à estabilidade do corante e dos materiais orgânicos utilizados para preparar as células solares, o que resulta na estabilidade do desempenho de saída, que é uma propriedade altamente necessária para uma célula solar.

3. As DSSC são duráveis, ou seja, têm um tempo de vida comparativamente maior e podem ser utilizadas para diferentes necessidades e aplicações.

4. Tem uma área de superfície elevada devido aos nanomateriais utilizados no fabrico do dispositivo, o que também aumenta o número de electrões livres que passam por unidade de área.

5. É poroso e o corante pode ter a capacidade de preencher os lugares vazios e participar no processo de conversão de energia.

6. Devido ao tamanho dos materiais utilizados na gama dos nanómetros, são finos, o que os torna leves e compactos para serem utilizados em várias

aplicações.

CAUSAS E EFEITOS DA DEGRADAÇÃO NA DSSC:

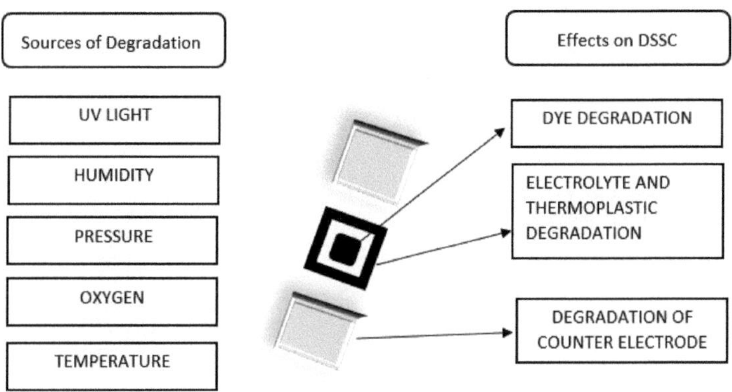

Fig 2.4 Ilustração de várias causas e factores de efeito em DSSC.

O vedante ou a junta de vedação têm de suportar as condições ambientais dinâmicas durante o tempo de vida da DSSC. Deve proporcionar um forte apoio mecânico para suportar as tensões externas e internas que poderiam danificar os componentes activos das DSSC. Os factores de degradação típicos relatados para as DSSC incluem a intrusão de humidade e oxigénio na área ativa da célula, a sensibilidade do eletrólito à luz UV, a fuga de eletrólito e a evaporação do solvente do eletrólito quando sujeito a tensões. Cada fator altera as características específicas de desempenho das DSSC. O excesso de humidade dilui o eletrólito e é responsável pela degradação do corante. A temperatura tem de ser óptima para que a DSSC funcione normalmente. Se exceder a temperatura óptima, existe a possibilidade de evaporação dos solventes orgânicos do corante. A quantidade de oxigénio na atmosfera circundante deve estar presente dentro dos limites para proteger a célula solar sensibilizada por corante de uma oxidação anormal que afecte a eficiência da célula solar. Se a pressão for demasiado elevada, existe a possibilidade de quebra dos eléctrodos, o que resulta no derrame do eletrólito, o que é indesejável. Por conseguinte, a pressão deve ser continuamente monitorizada para evitar estes danos na célula solar. Estes factores devem ser medidos através de dispositivos de medição adequados, a fim de manter ao máximo o tempo de vida útil da célula solar sensibilizada por corante. Se não forem mantidos constantes, as características de desempenho da célula solar acabarão por se degradar e a célula poderá morrer se não for corretamente controlada.

CAMADAS DE DSSC

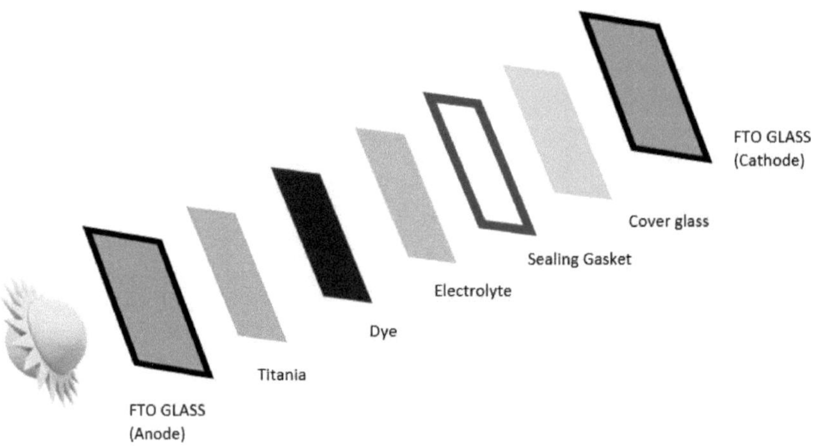

Fig 2.5 Ilustração das várias camadas presentes na DSSC.

CAMADA 1 TCO (Camada de óxido condutor transparente):

É constituído por vidro FTO (óxido de estanho dopado com flúor) ou ITO (óxido de estanho dopado com índio), revestido com material condutor numa das faces. O principal objetivo desta camada é formar uma rede eléctrica entre o foto-ânodo e o cátodo (contra-elétrodo)

Camada 2 Nanopartículas de titânio (TiO2):

Esta camada é constituída por Titânia (TiO2) e é responsável pela absorção do comprimento de onda da luz solar e pela emissão de electrões livres responsáveis pela criação da diferença de potencial e da corrente através da célula solar.

LAYER   3Dye:

Esta camada é feita de corantes preparados a partir de frutos naturais ou extractos de flores ou através de métodos laboratoriais para desenvolver um corante sintético. A principal função desta camada é absorver a luz do sol de forma eficiente na região pancromática e transferir a energia para as partículas de titânia.

Camada 4Electrólito   :

Esta camada é constituída por eletrólito que sofre uma reação redox para que a transferência de electrões tenha lugar.

CAMADA 5 Junta de vedação:

Esta camada é constituída por Surlyn, que é um papel adesivo que une dois materiais após aquecimento a 80^0 C- 120^0 C.

CAMADA 6   Vidro de cobertura:

Esta camada protege contra a fuga de eletrólito e de outros materiais líquidos do contra-elétrodo, o que reduz o desempenho da célula.

Camada 7 Contra-elétrodo:

Existe outra camada de vidro de cobertura antes dos contra-eléctrodos, que é responsável pela selagem dos orifícios no contra-elétrodo. O contra-elétrodo é constituído por vidro FTO/ITO revestido com Pt ou grafite na sua superfície condutora. A sua função principal é completar o circuito elétrico e transferir os electrões para o elétrodo.

2.2 Diferentes abordagens utilizadas nas células solares sensibilizadas por corantes:

2.2.1 Tecnologia solar fotovoltaica

Em Dambhare, M. V. et al., (2021). O artigo de investigação tem como objetivo fornecer uma compreensão abrangente das opções disponíveis para o fabrico de DSSC, examinando diferentes fotossensibilizadores e as suas estruturas moleculares. Através da exploração das propriedades, limitações e estudos comparativos entre sensibilizadores à base de ruténio, sensibilizadores à base de porfirina e sensibilizadores sem metal, são obtidas informações valiosas sobre o potencial de diferentes classes de corantes para melhorar o desempenho do DSSC.

Em Nayak, P et al., (2019). O artigo de investigação abrange cálculos relacionados com o intervalo de banda fotovoltaica, perdas de energia e métricas de desempenho de vários materiais. Provavelmente inclui curvas Jmp-V e Jsc-Voc teóricas e experimentais, fornecendo informações sobre as características de desempenho dos materiais. A evolução da EQE para semicondutores monocristalinos e policristalinos também é discutida, ajudando na avaliação das suas capacidades de absorção de luz. Estas métricas ajudam a avaliar a eficiência e o desempenho de diferentes tipos de materiais na conversão de energia luminosa em energia eléctrica.

2.2.2 Célula solar sensibilizada por corante

Sharma, K. et al., (2018) forneceram uma compreensão abrangente do princípio de funcionamento e da construção das DSSC. Uma análise comparativa com células solares à base de Si destaca os pontos fortes e fracos de cada tecnologia. As tendências recentes, as limitações e as medidas para as ultrapassar são discutidas, demonstrando os avanços em curso na tecnologia DSSC. As curvas J-V e os dados de eficiência contribuem para a caraterização e comparação de diferentes configurações de DSSC, enquanto as estruturas moleculares dos corantes fornecem informações sobre a sua conceção e estratégias de aumento da eficiência.

Em Boschloo, G, et al., (2019), o artigo de investigação deu uma representação esquemática do esquema energético da DSSC e discute os factores limitantes das DSSCs, tais como o intervalo de banda dos materiais utilizados. Além disso, o artigo menciona vários complexos de transição usados em células solares sensibilizadas por corantes de alta eficiência, destacando sua importância na melhoria do desempenho e eficiência das DSSCs.

Gong . J, et al., (2017) apresentaram uma demonstração esquemática da transferência de energia dentro da DSSC, concentrando-se especificamente nos níveis do Orbital Molecular Mais Ocupado (HOMO) e do Orbital Molecular Menos Desocupado (LUMO). Esta representação esquemática ajuda a compreender os processos de conversão de energia e de transferência de electrões que ocorrem nDSSC. O documento de investigação destaca o aumento da procura de DSSC e apresenta uma panorâmica dos vários modelos e técnicas utilizados para fabricar células solares eficientes. Aborda o modelo de circuito equivalente, os métodos para melhorar a eficiência, a captação eficaz de luz, as recentes tecnologias da ciência dos materiais e a transferência de energia no interior da DSSC.

Kokkonen, M et al., (2021) apresentou uma panorâmica das células solares sensibilizadas por corantes à base de TiO2, o seu processo de fabrico e o papel da impressão a jato de tinta no seu desenvolvimento. Discute as propriedades, as fontes de degradação e as causas das DSSCs, juntamente com a análise de estabilidade. O documento explora também vários co-electrólitos e métodos avançados de selagem, destacando o seu impacto na eficiência e fiabilidade das DSSC.

2.2.3 Fotossensibilizadores naturais e sintéticos

Carella Antonio et al., (2018) apresentou uma ideia de usar diferentes fotossensibilizadores na fabricação de Células Solares Sensibilizadas por Corante (DSSCs) é discutida. As propriedades e limitações desses fotossensibilizadores são examinadas, juntamente com suas estruturas moleculares correspondentes. Ao examinar diferentes fotossensibilizadores e as suas estruturas moleculares, o documento tem como objetivo fornecer uma compreensão abrangente das opções disponíveis para o fabrico de DSSC. As propriedades, as limitações e os estudos comparativos dos sensibilizadores à base de ruténio, dos sensibilizadores à base de porfirina e dos sensibilizadores sem metais oferecem informações valiosas sobre o potencial das diferentes classes de corantes para melhorar o desempenho das DSSC.

Em Susanti, D et al., (2014). As conclusões e experiências do artigo de investigação inspiraram a ideia de combinar titânia, o material habitualmente utilizado para o fotoanodo das DSSC, com corantes sintéticos. Esta combinação abre possibilidades para melhorar o desempenho e a eficiência das DSSCs, tirando partido das propriedades únicas e das características de absorção da titânia e dos corantes sintéticos. Os resultados e os conhecimentos obtidos com este trabalho de investigação suscitaram a ideia de combinar titânia com corantes sintéticos no fabrico de DSSC, conduzindo potencialmente a um melhor desempenho das células solares.

Em Jinchu, I , et al., (2014), o trabalho de investigação demonstrou uma exploração aprofundada dos processos de transferência de electrões envolvidos nas DSSCs, incluindo a interação da titânia com os electrões. Pode apresentar um diagrama de níveis de energia, explicar as propriedades ideais de vários componentes da célula e tabular parâmetros fotovoltaicos de extractos naturais. As estruturas moleculares dos corantes naturais são provavelmente explicadas e são efectuados estudos comparativos das eficiências entre diferentes produtos químicos, proporcionando uma compreensão pormenorizada do seu desempenho em DSSCs.

2.2.4 Voltametria cíclica

Elgrishi, N., et al., (2017) ilustraram uma compreensão abrangente da voltametria cíclica, centrando-se na sua aplicação na análise das reacções electroquímicas em células solares sensibilizadas por corantes. O princípio de funcionamento é explicado em pormenor, incluindo os cálculos matemáticos do potencial padrão. O artigo descreve os cálculos matemáticos envolvidos na determinação do potencial padrão (E°) do par redox sob investigação. O documento aborda os modos homogéneo e heterogéneo de transferência de electrões e demonstra o funcionamento do elétrodo de trabalho, do elétrodo de referência e do eletrólito. Esta informação é crucial para a realização de análises de voltametria cíclica e para a ligação dos eléctrodos ao simulador solar para a caraterização de DSSC. O documento aprofunda a aplicação específica da CV em DSSCs. A análise dos dados de CV permite a determinação das taxas de transferência de electrões, das propriedades de transporte de carga e da cinética de reação no interior da célula. Esta informação é crucial para otimizar o desempenho e a eficiência das DSSCs.

2.2.5 Espectroscopia de impedância eletroquímica

Em Liberatore, M, et al., (2019). A espetroscopia de impedância eletroquímica é analisada usando AUTOLAB PGSTAT12 e a faixa de frequência usada para medir os parâmetros elétricos está entre 10^5 Hz e 10^{-1} Hz. A DSSC em estudo tem uma área ativa de 0,25 cm^2. A curva densidade de corrente vs tensão (J-V) foi traçada juntamente com o seu gráfico de Nyquist. O diagrama da rede eléctrica equivalente é desenhado e os valores dos elementos eléctricos são tabelados. O gráfico de Nyquist é composto por dois semicírculos contínuos que resultam em dois circuitos R-C paralelos ligados a uma resistência em série (R_s). Tanto o gráfico de Nyquist medido como o gráfico ajustado são analisados e representados esquematicamente neste trabalho, o que ajudou a compreender as curvas J-V e os modelos de rede.

Lukács, Z ,et al., (2020) apresentaram uma análise detalhada do gráfico de Nyquist equivalente, obtido através do modelo de rede desenvolvido, que fornece uma visão geral da resposta de impedância da DSSC. Este gráfico ajuda a compreender os processos interfaciais, a cinética de transferência de carga e o comportamento global do sistema DSSC. Ao fornecer cálculos matemáticos pormenorizados para cada parâmetro e ao ilustrar diferentes modelos de rede e os seus gráficos de Nyquist equivalentes, o documento de investigação oferece uma compreensão abrangente da análise EIS em DSSCs. Destaca a importância desses parâmetros e demonstra como eles podem ser usados para desenvolver modelos de rede e interpretar o comportamento da impedância do sistema DSSC. O documento de investigação conclui sugerindo potenciais vias para investigação futura, tais como a exploração de novos modelos de rede que melhor captem os comportamentos complexos das DSSC, a investigação da análise da impedância em condições de funcionamento variáveis e a integração de estratégias de controlo baseadas na impedância para melhorar a eficiência e a estabilidade das DSSC. Estas direcções futuras enriquecerão ainda mais a nossa compreensão das DSSCs e abrirão caminho para a sua adoção generalizada em aplicações de energias renováveis.

Capítulo 3
CONCEPÇÃO E IMPLEMENTAÇÃO

3.1 Diagrama de blocos:

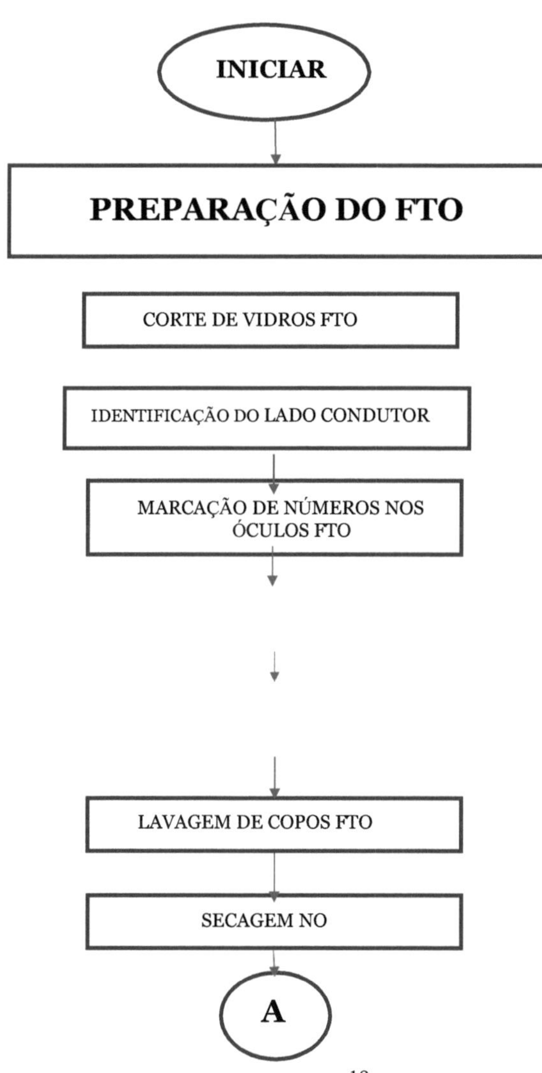

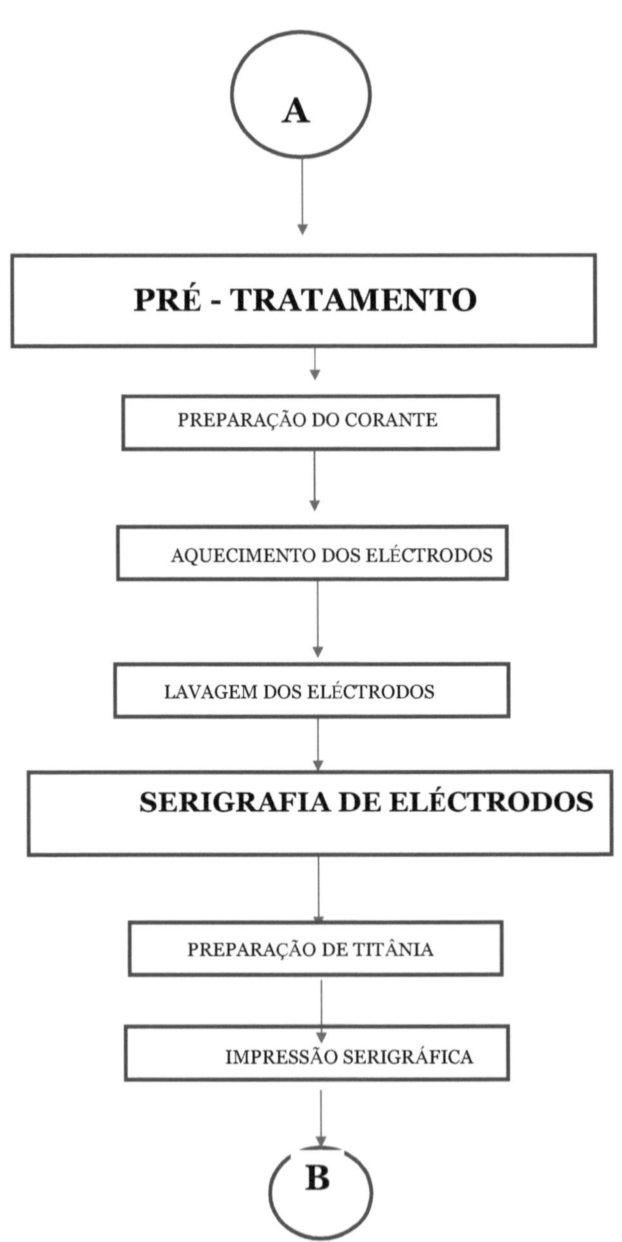

A
PRÉ - TRATAMENTO
PREPARAÇÃO DO CORANTE
AQUECIMENTO DOS ELÉCTRODOS
LAVAGEM DOS ELÉCTRODOS
SERIGRAFIA DE ELÉCTRODOS
PREPARAÇÃO DE TITÂNIA
IMPRESSÃO SERIGRÁFICA
B

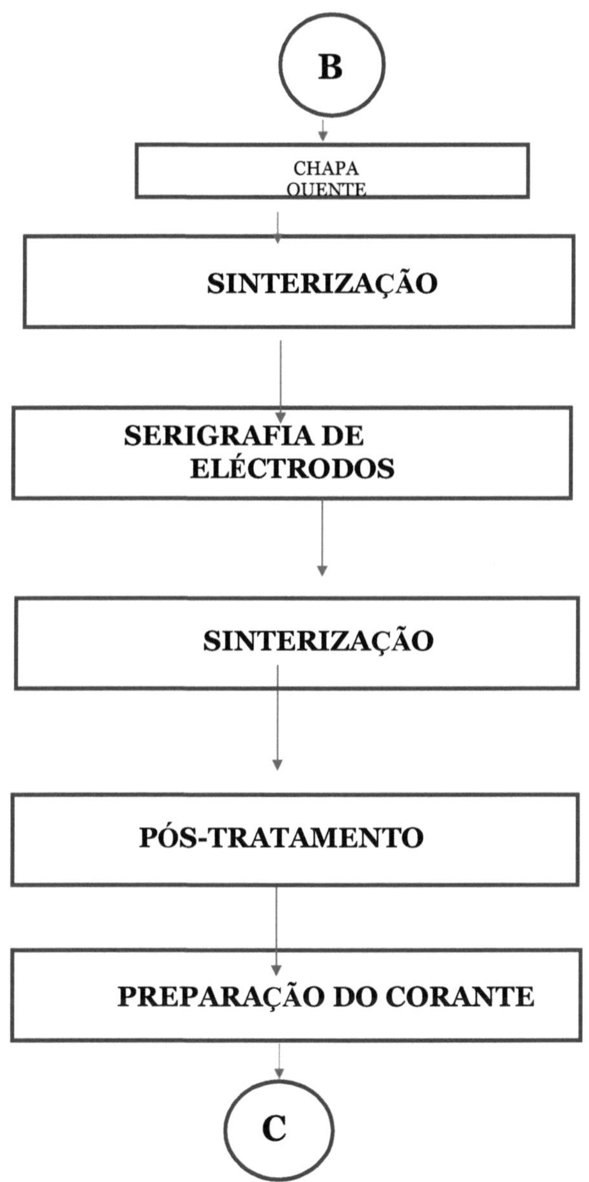

B
CHAPA
QUENTE
SINTERIZAÇÃO
SERIGRAFIA DE
ELÉCTRODOS
SINTERIZAÇÃO
PÓS-TRATAMENTO
PREPARAÇÃO DO CORANTE
C

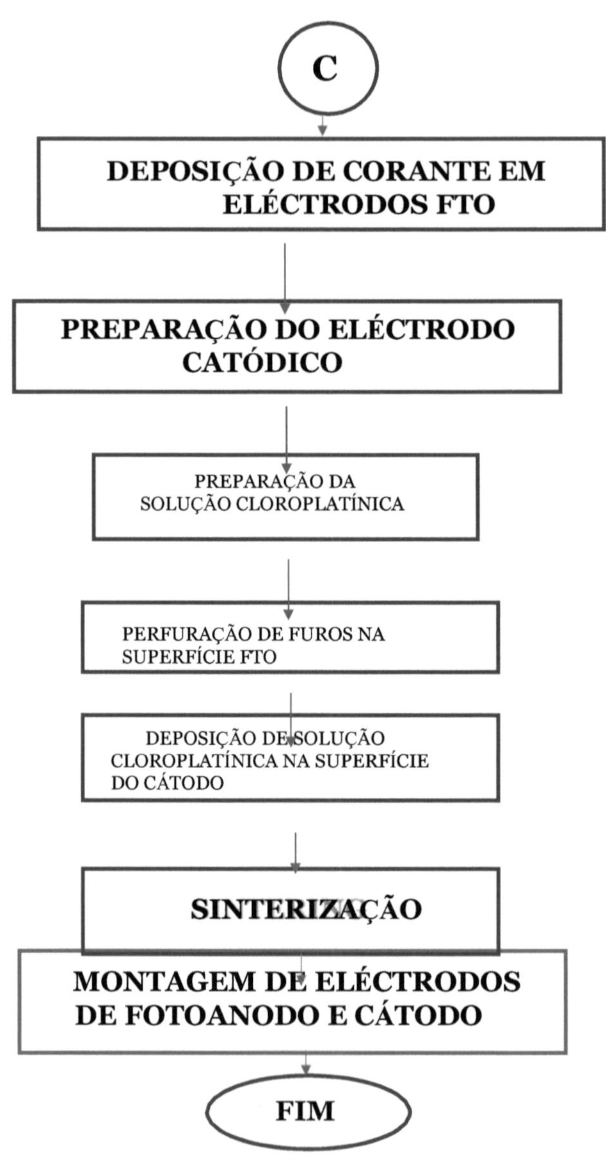

Figura 3.1: Diagrama de blocos do fabrico da DSSC.

3.2 Princípio de funcionamento:

As DSSC funcionam com base no efeito fotovoltaico, o que significa gerar uma diferença de potencial devido à transferência de energia do fotão que incide na superfície da célula solar. Esta energia do fotão é absorvida pelo corante ou fotossensibilizador que faz com que o eletrão livre da molécula de titânia viaje pela rede eléctrica, formando assim um fluxo de corrente.

Mecanismo das DSSCs

Para a conversão de fotões (luz) em corrente numa DSSC convencional do tipo n, ocorrem os seguintes passos

1. O fotão incidente é absorvido pelo fotossensibilizador (por exemplo, complexo de Ru (DYE) ou N719) adsorvido na superfície do TiO_2 .
2. Os fotossensibilizadores são excitados do estado fundamental (P) para o estado excitado (P^*). Os electrões excitados são injetados na banda de condução do elétrodo de TiO_2 . Isto resulta na oxidação do fotossensibilizador (P^+).

$$P + h\nu \rightarrow P^*$$

4. Os electrões injetados na banda de condução do TiO_2 são transportados entre as nanopartículas de TiO_2 por difusão para o contacto posterior (TCO). E os electrões chegam finalmente ao contra-elétrodo através do circuito.
5. O fotossensibilizador oxidado (P^+) aceita electrões do mediador redox, normalmente o mediador redox iónico I^- , levando à regeneração do estado fundamental (S), e dois iões I^- são oxidados em iodo elementar que reage com I^- para o estado oxidado, I_3^- .

$$P^+ + e^- \rightarrow P$$

6. O mediador redox oxidado, I_3^- , difunde-se em direção ao contra-elétrodo e depois é reduzido a iões I^- .

$$I_3^- + 2\,e^- \rightarrow 3\,I^-$$

A eficiência de uma DSSC depende de quatro níveis de energia do componente: o estado excitado (aproximadamente LUMO) e o estado fundamental (HOMO) do fotossensibilizador, o nível de Fermi do elétrodo de TiO_2 e o potencial redox do mediador (I/I_3^-) no eletrólito

3.3 Sinterização

A sinterização é um processo de aquecimento de uma substância a uma temperatura muito elevada para a remoção da humidade e também para alterar a estrutura da rede dos átomos presentes na substância sólida. O processo de aquecimento não é contínuo, mas sim um conjunto de temperaturas que são pré-definidas para ocorrer durante um determinado período de tempo. É normalmente efectuado na mufla, onde a temperatura e a duração do tempo podem ser ajustadas manualmente através da execução de um conjunto de instruções. As células solares sensibilizadas por corantes devem ser submetidas a um processo de sinterização após a deposição da camada de titânia com a espessura ideal de revestimento. Utilizámos amufla SAF THERM para realizar a sinterização com precisão a uma temperatura específica num determinado período de tempo. A mufla é constituída por bobinas de indução presentes no interior de uma superfície isolante designada por mufla. Durante o período de tempo inicial, a temperatura aumenta linearmente com um declive pré-determinado e, eventualmente, mantém a temperatura depois de atingir o valor pré-definido. A mufla que utilizámos permite definir 4 processos diferentes de cada vez, contendo cada passo 8 temperaturas diferentes pré-definidas com tempo pré-definido. Inicialmente, as células solares sensibilizadas com corante são aquecidas a uma taxa crescente de 5°C / min até atingirem 125°C e a temperatura é mantida durante 15 min e, em seguida, são novamente aquecidas a 175^0 C e a temperatura é mantida durante 5 min. Os passos da regulação da temperatura são descritos na figura seguinte.

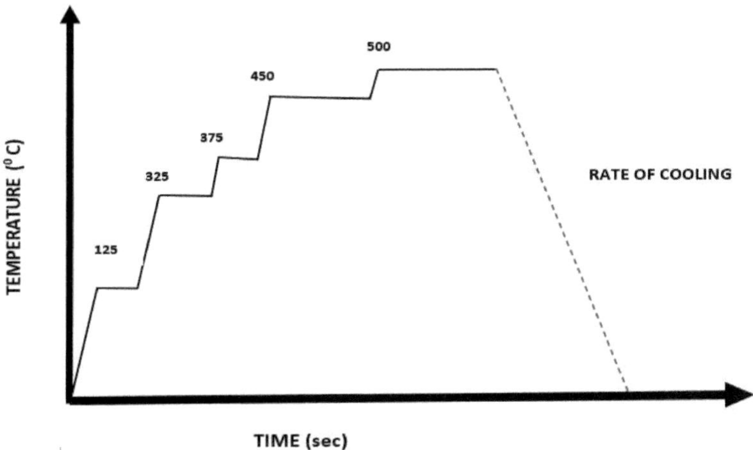

Fig 3.2: Representação gráfica do processo de sinterização.

Depois de atingir 500^0 C, a mufla é aberta e depois arrefecida até à temperatura ambiente ($\sim27^0$ C) e, em seguida, o vidro de óxido de estanho dopado com flúor é retirado cuidadosamente com a ajuda de uma pinça. Neste processo de sinterização, a cor da pasta de Titânia muda de transparente para amarelo pálido. Mas, estruturalmente, a estrutura cristalina das moléculas de titânia mantém-se inalterada. Isto permite a fácil adsorção das moléculas de corante na superfície das moléculas de titânia.

A sinterização também permite que as moléculas voláteis que estão presentes nos espaços intersticiais da estrutura da rede escapem facilmente, convertendo-se em vapor gasoso, deixando as moléculas de titânia pura.

O processo de sinterização é efectuado duas vezes, ou seja, após a deposição da pasta de titânio e também após a deposição da pasta de nano-óxido de titânio, de modo a permanecer intacta e a remover toda a humidade presente na pasta.

3.4 Impregnação de moléculas de corante.

A impregnação das moléculas de corante na superfície das partículas de titânia é efectuada após o processo de sinterização, imediatamente após ter sido atingida a temperatura necessária. Este é um dos processos mais importantes no que diz respeito à função de funcionamento da célula solar sensibilizada por corante, em que a transferência de electrões tem lugar entre as moléculas de corante e a molécula de titânia na célula solar sensibilizada por corante. Este processo requer uma temperatura superior à temperatura ambiente ~ 80°C, a fim de aumentar a adsorção das moléculas de corante na superfície da titânia e também remover as impurezas que estão presentes na distância da molécula de titânia. Uma vez que a adsorção demora muito tempo a alterar a cor da camada de titânia, recomenda-se vivamente que o frasco de vidro que contém a célula solar sensibilizada por corante seja mantido num local fresco e seco. Após um determinado período de tempo, os vidros FTO são lavados com uma solução de acetonitrilo ACS, a fim de remover o excesso de corante que ficou retido nos espaços vazios intersticiais da camada de titânia.

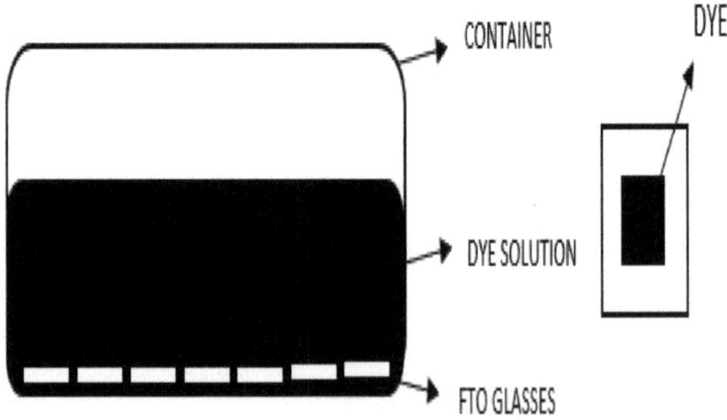

Fig. 3.3: Ilustração da impregnação do corante na superfície da camada de titânia.

A camada de titânia, que inicialmente é de cor branca, acaba por se transformar em cor púrpura após 18 horas e pode ser observada a olho nu. Estas moléculas de corante viajam para os espaços vazios que estão naturalmente presentes entre as partículas de titânia e formam uma rede de moléculas de titânia-corante que desempenhará um papel significativo no processo de transferência de energia de ressonância de fluorescência, que é responsável pelo fluxo de electrões do ânodo para o cátodo, formando uma rede eléctrica.

3.5 Montagem dos eléctrodos

Este é um passo fundamental para ligar o contra-eletrodo que contém TiO_2 + Corante e o eletrodo de trabalho que consiste em ácido cloroplatínico. Isto permite formar um modelo de rede eléctrica funcional entre os dois eléctrodos. Para colar os dois vidros FTO, é utilizado papel Surlyn com uma espessura de 30 mm. A principal função do papel Surlyn é agir como um adesivo entre os eléctrodos quando a temperatura atinge 110^0 C - 120 C^0
. Trata-se de uma folha transparente não condutora que se torna adesiva quando aquecida numa placa quente durante alguns segundos. É feito um orifício no papel Surlyn para fundir a parte corante do FTO com o elétrodo de trabalho e injetar o eletrólito dentro da circunferência do círculo perfurado.

3.6 Registo de dados

Os eléctrodos do potencióstato são ligados aos terminais do simulador solar e estes terminais são novamente ligados aos eléctrodos da célula solar sensibilizada por corante. Após a ligação correcta, liga-se a luz fluorescente alta e, utilizando o software THALES XT, é possível efetuar a análise de voltametria cíclica em condições de luz e de escuridão. No escuro, desliga-se a luz e coloca-se uma taça reflectora na parte superior da célula solar sensibilizada por corante, de modo a inibir a queda dos fotões incidentes sobre a célula. As leituras são guardadas em ficheiros .csv e .txt. Para a análise de voltametria cíclica, a gama de corrente é mantida entre -30m A e 30m A e a taxa de amostragem é mantida em 1600. Do mesmo modo, quando o ensaio de espetroscopia de impedância eletroquímica é iniciado, o tempo necessário para concluir o ensaio é apresentado na parte superior do ecrã. Este tempo pode ir de algumas horas a dias ou mesmo semanas, dependendo do potencial de excitação dado à célula solar sensibilizada por corante. Depois de traçado o gráfico de Nyquist, este é guardado num ficheiro .csv e num ficheiro .txt para referência futura.

3.7 Metodologia:

Os eléctrodos são feitos de vidros de óxido de estanho dopado com flúor (FTO). O corante utilizado neste caso consiste em N719 e CDCA como co-adsorventes, enquanto o eletrólito utilizado é à base de iodeto. A parte anódica da DSSC é submetida a uma série de etapas. Em primeiro lugar, é lavada com produtos químicos adequados para garantir a sua limpeza e remover quaisquer impurezas. Em seguida, procede-se à impressão serigráfica para aplicar quatro camadas de pasta de Titânia ($TiO2$) na superfície do ânodo. Além disso, é aplicada uma camada de pasta de nano-óxido de titânio. Toda a estrutura é então sinterizada para remover a humidade e melhorar a adesão das camadas. Do mesmo modo, a parte catódica da DSSC é lavada com um produto químico adequado e o pré-tratamento é efectuado com uma solução de tetracloreto de titânio, sendo feitos dois orifícios no lado de condução do cátodo para a injeção do eletrólito. Estes dois eléctrodos (ânodo e cátodo) serão montados utilizando papel surlyn (folha que se torna adesiva quando aquecida a 70^0 C) após a injeção de eletrólito e a aplicação de vidro de cobertura na superfície do cátodo, a DSSC fabricada está pronta para a simulação solar. A análise voltamétrica cíclica é efectuada primeiro utilizando o software THALES XT e as leituras são anotadas. Em seguida, os valores registados são necessários para calcular os parâmetros de desempenho, como a densidade de corrente de curto-circuito (Jsc), a tensão de circuito aberto (Voc), o fator de enchimento e a eficiência de conversão de energia (Pce). Os gráficos J-V e P-V são traçados antes da degradação e após o processo de degradação (30 dias). A espetroscopia de impedância eletroquímica é efectuada e o gráfico de Nyquist é registado em vários níveis de tensão de excitação. Depois de obter vários gráficos de Nyquist, procede-se à adaptação EIS para converter o gráfico de Nyquist em modelos de circuitos equivalentes com os respectivos valores e tolerâncias. O ajuste EIS é um passo crucial na conversão do gráfico de Nyquist num modelo de circuito equivalente, fornecendo informações valiosas sobre os elementos e processos eléctricos no interior da DSSC.

Fig 3.4: Ilustração da lavagem dos eléctrodos de FTO com solução de Neutracon e etanol.

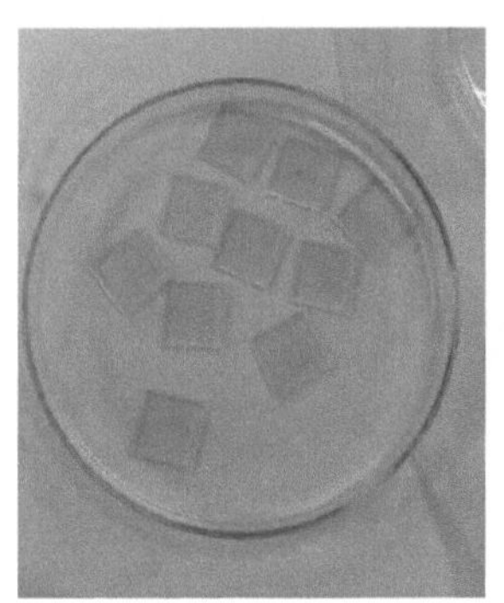

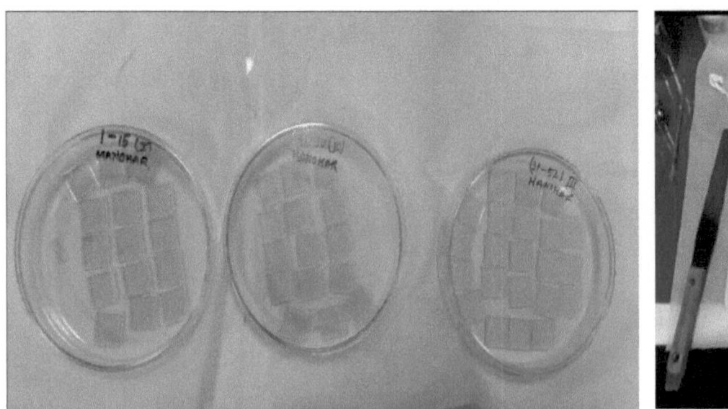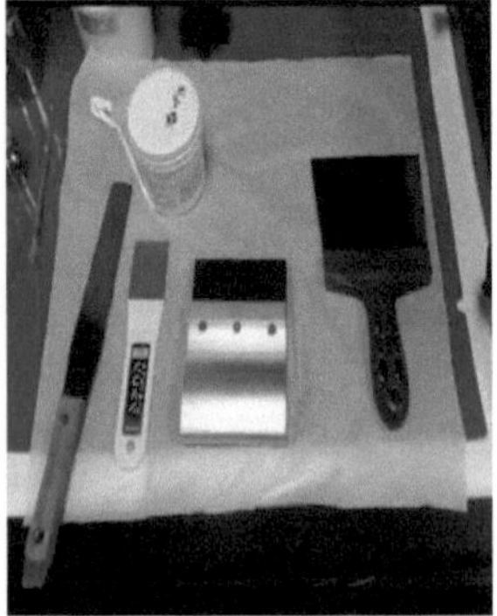

Fig. 3.6: Ilustração de eléctrodos de FTO lavados e prontos para a impressão serigráfica.

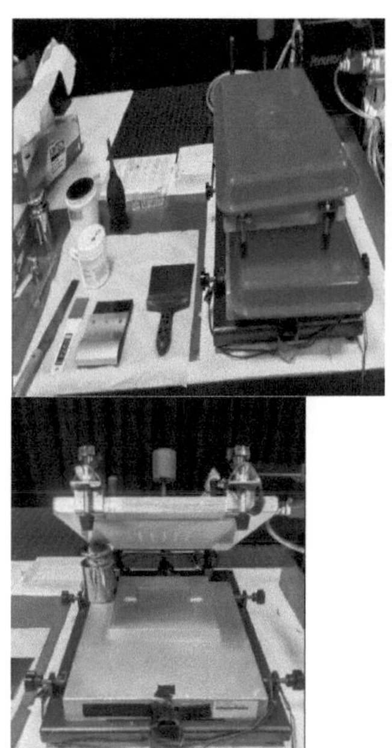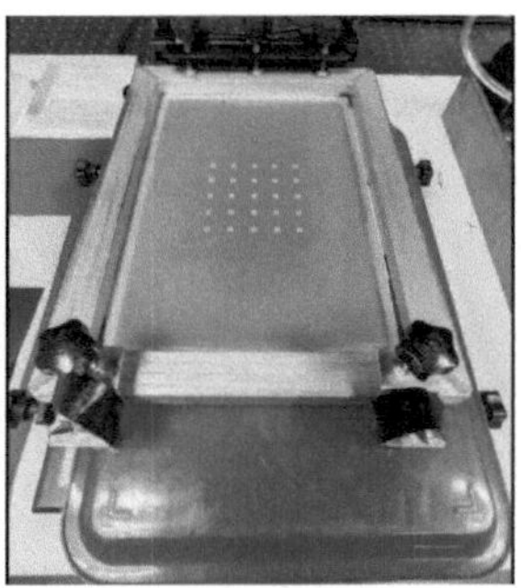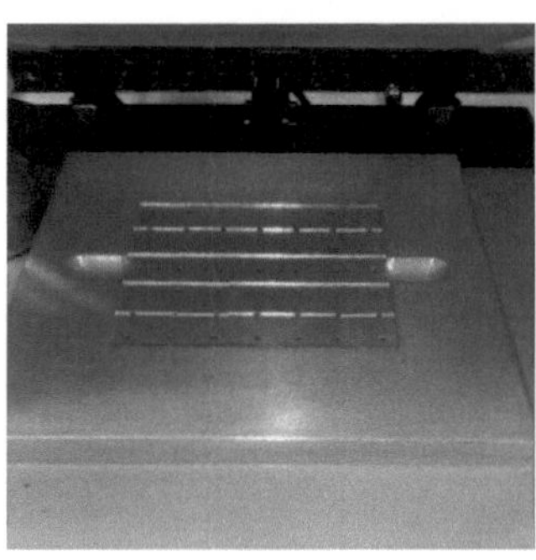

Fig. 3.7: Representação esquemática das ferramentas e da configuração do processo de impressão serigráfica.

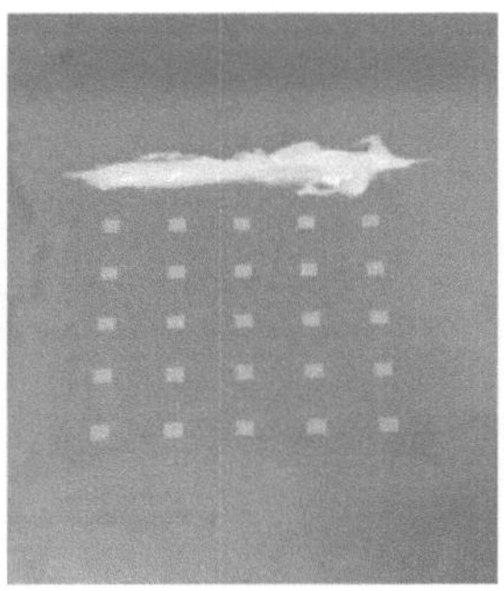

Fig 3.8: Representação esquemática da colocação dos eléctrodos e da camada de titânia e da placa de aquecimento.

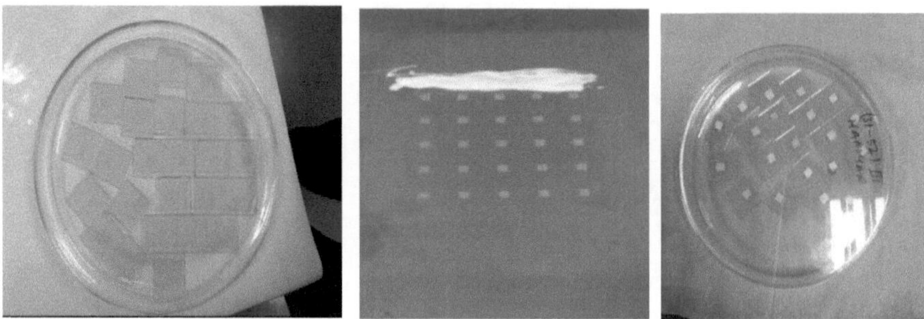

Fig 3.9: Representação esquemática dos eléctrodos de FTO e da camada de nano-óxido de titânia.

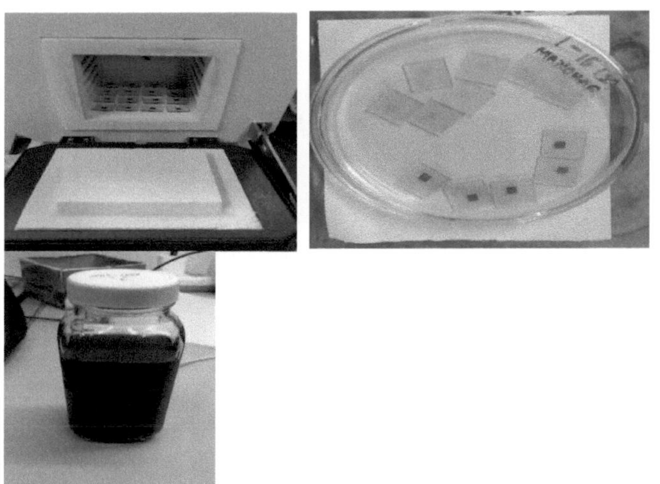

Fig. 3.10: Representação esquemática do processo de sinterização e da solução de corante.

Fig. 3.11: Ilustração da impregnação da solução de corante.

PREPARAÇÃO DO CONTRA-ELÉCTRODO:

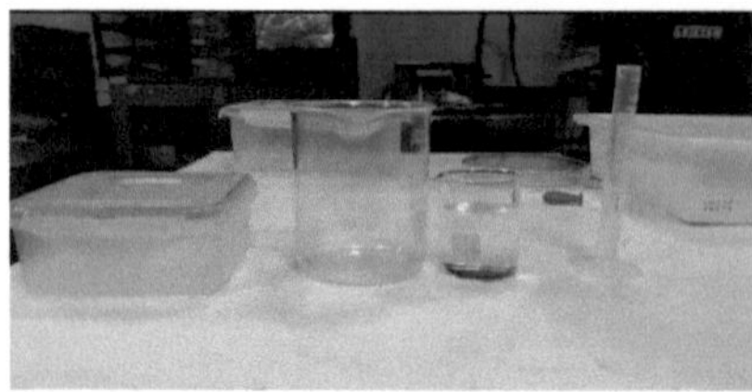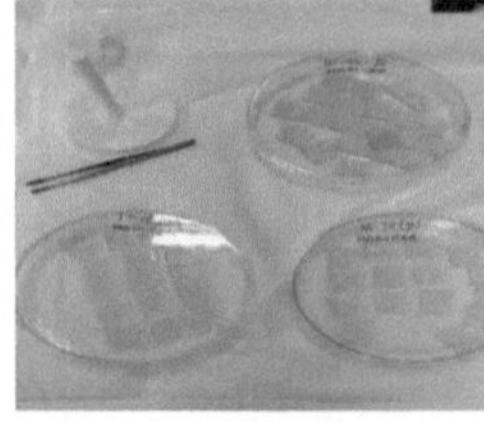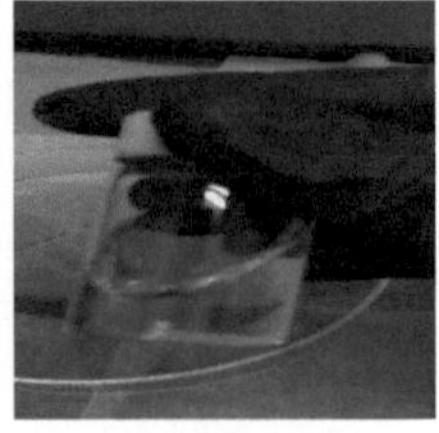

Fig 3.12: Ilustração do processo de pós-tratamento e da solução de ácido cloroplatínico
(H_4PtCl_6).

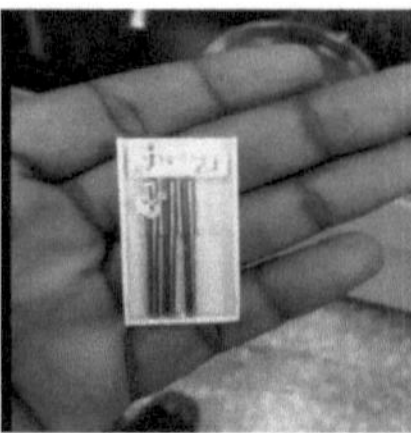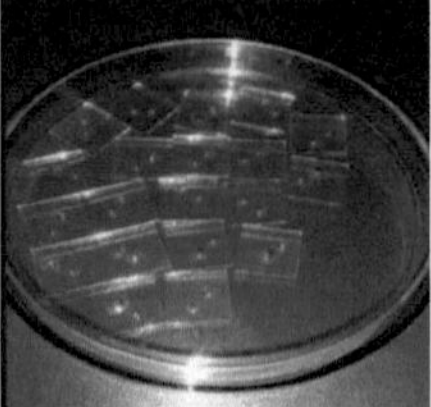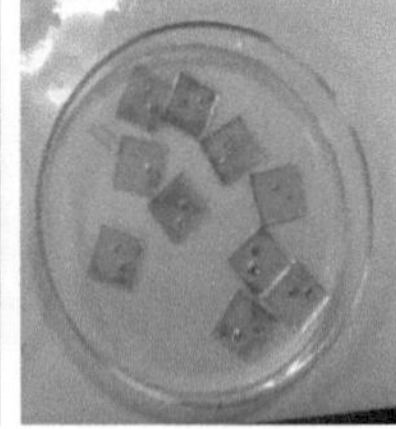

Fig. 3.13: Ilustração da máquina de perfuração radial e das brocas para efetuar furos no
cátodo.

MONTAGEM DOS ELÉCTRODOS:

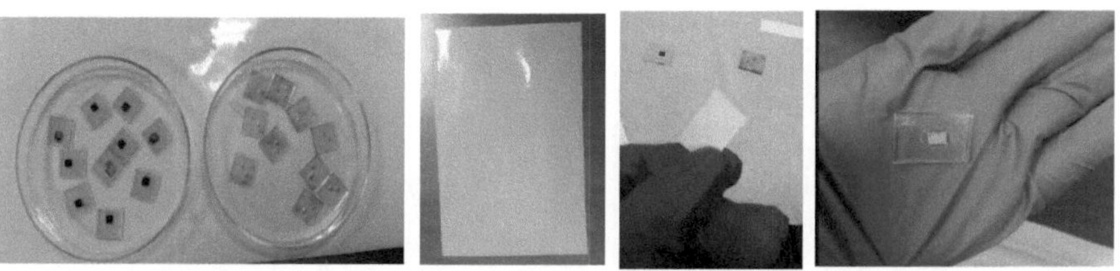

Fig 3.14: Ilustração da montagem do ânodo e do cátodo utilizando papel surlyn.

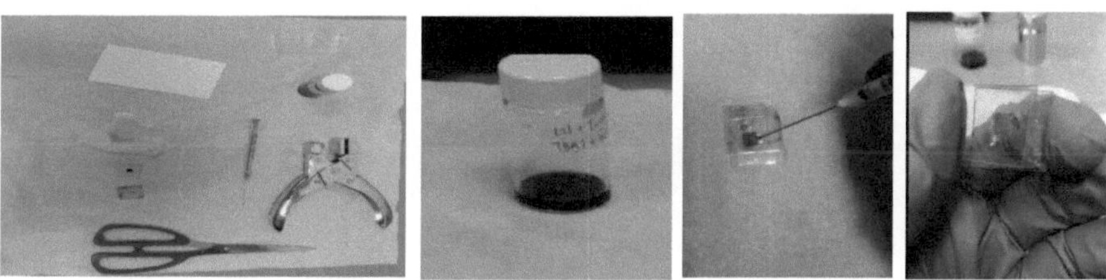

Fig. 3.15: Ilustração das ferramentas necessárias para a montagem e injeção do eletrólito no cátodo.

Fig 3.16: Configuração semelhante à do SS50AAA EM Solar para registo de dados em
condições de luz e escuridão utilizando um copo refletor.

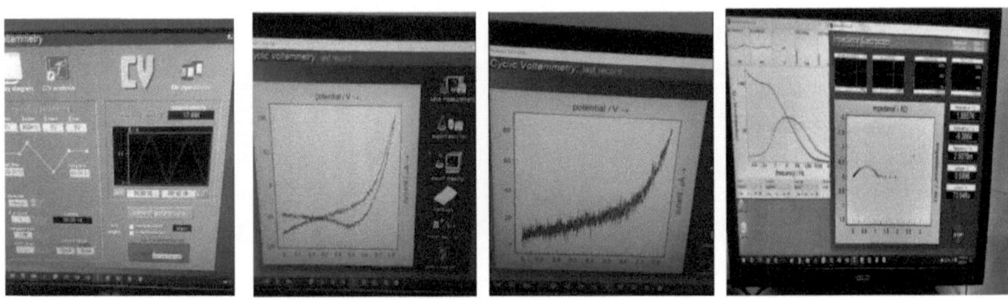

Fig 3.17: Ensaio de voltametria cíclica em condições de luz e escuridão da DSSC e ensaio EIS.

3.8   Componentes de hardware:

Para elétrodo anódico	Vidros FTO, pasta de titânia, solução de $TiCl_4$, pasta de nano-óxido de titânia, solução de neutracon, etanol ACS, água DI, solução de corante.
Para elétrodo catódico	Vidros FTO, solução de $TiCl_4$, solução de ácido cloroplatínico, solução de neutracon, etanol ACS, água DI (água desionizada).
Para a montagem de eléctrodos	Folha de Surlyn, seringa, vidro de cobertura, solução de eletrólito
Para registo de dados	SS50AAA - Simulador solar EM, potencióstato, galvanóstato, computador com software THALES XT

Quadro 3.1: Coluna tabular dos componentes necessários ao projeto

3.8.1   Óculos FTO

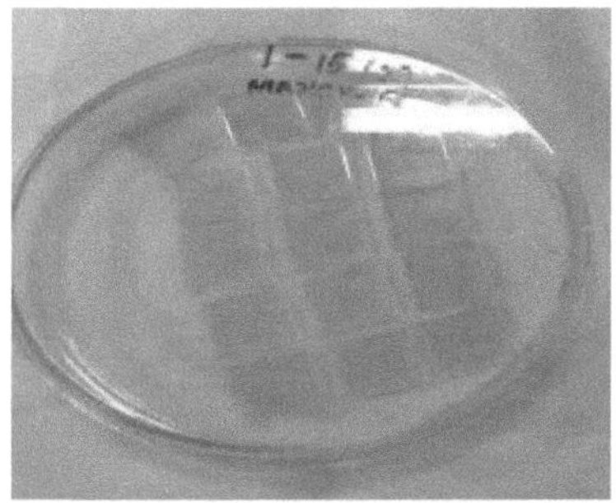

Figura 3.18: Vidro de óxido de estanho dopado com florina (FTO)

O vidro FTO (óxido de estanho dopado com flúor) é um material de óxido metálico condutor transparente que pode ser utilizado no desenvolvimento de eléctrodos transparentes para a fotovoltaica de película fina, tais como: fotovoltaica orgânica, silício amorfo, telureto de cádmio (CdTe), células solares sensibilizadas por corantes, bem como **perovskitas híbridas**. Uma das faces é constituída por material condutor, sendo a outra face do vidro FTO não condutora. O vidro FTO tem várias aplicações, incluindo ecrãs tácteis, proteção contra interferências electromagnéticas/interferências de radiofrequência, vidro aquecido, revestimentos anti-estáticos e díodos emissores de luz. Existem várias propriedades do vidro FTO que o tornam adequado para o fabrico de uma vasta gama de dispositivos optoelectrónicos, incluindo a baixa resistividade superficial, a elevada transmitância ótica, a resistência a riscos e à abrasão, a estabilidade térmica até altas temperaturas e a inércia a uma vasta gama de produtos químicos. É eletricamente condutor e ideal para utilização numa vasta gama de dispositivos, incluindo aplicações como a opto-eletrónica, ecrãs tácteis, fotovoltaicos de película fina, janelas economizadoras de energia, blindagem RFI/EMI e outras aplicações electro-ópticas e isolantes. O óxido de estanho dopado com flúor é um material muito promissor, uma vez que é relativamente estável em condições atmosféricas, quimicamente inerte, mecanicamente duro, resistente a altas temperaturas e tem uma elevada tolerância à abrasão física, sendo menos dispendioso do que o material de óxido de estanho com índio.

3.8.2 Pasta de titânio

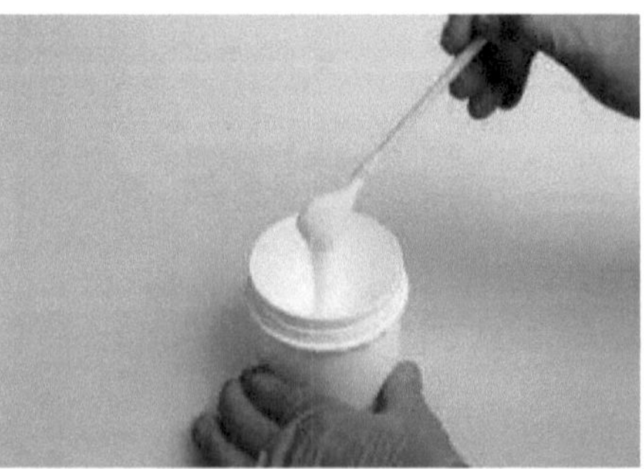

Fig. 3.19: Pasta de titânio

Esta pasta é utilizada no fabrico de células solares de perovskite e de células solares sensibilizadas por corantes. Trata-se de uma pasta cremosa transparente constituída por nanopartículas de titânia. A titânia tem geralmente três estruturas moleculares baseadas na temperatura e na disponibilidade (a) Anatase (b) rutilo e (c) Brookite. Na pasta de titânia, é utilizada a estrutura molecular anatase.

3.8.3 CONFIGURAÇÃO DA IMPRESSÃO SERIGRÁFICA

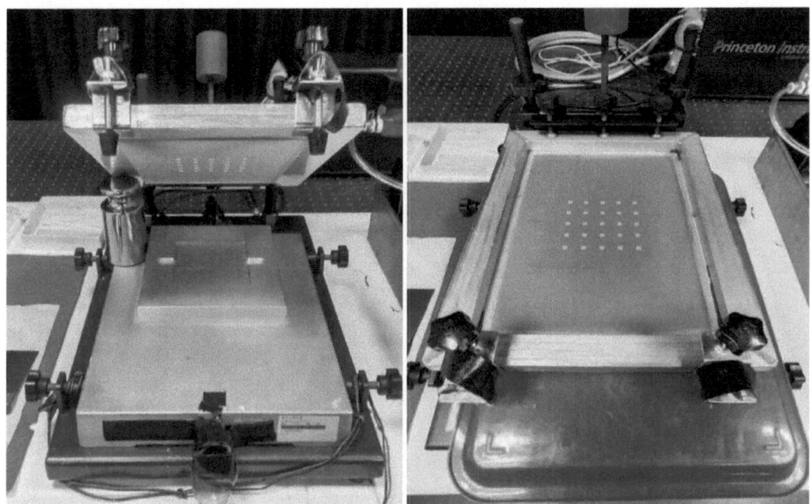

Fig. 3.20: Configuração da impressão serigráfica

Consiste numa folha de desenho e numa projeção para colocar os vidros de óxido de estanho com dopagem de flúor por baixo da folha de desenho. Os ajustes são feitos de modo a que a folha de desenho seja colocada horizontalmente sobre os eléctrodos de vidro. A espessura da camada de titânia é ajustada pelos quatro bicos situados nos cantos da folha de desenho. Os 25 quadrados (5 X 5) na folha de serigrafia permitem colocar 25 eléctrodos de cada vez sobre a pasta de titânia e, após a colocação da camada de titânia, os eléctrodos FTO são retirados com pinças e colocados na placa de aquecimento. A técnica de serigrafia pode ser realizada de duas formas diferentes: manualmente com as mãos ou com a ajuda de máquinas robóticas de precisão. Neste projeto, realizámos a serigrafia manualmente para obter experiência prática e aprender a imprimir com precisão sem danificar o elétrodo.

3.8.4 FORNO DE MUFLA SAF THERM

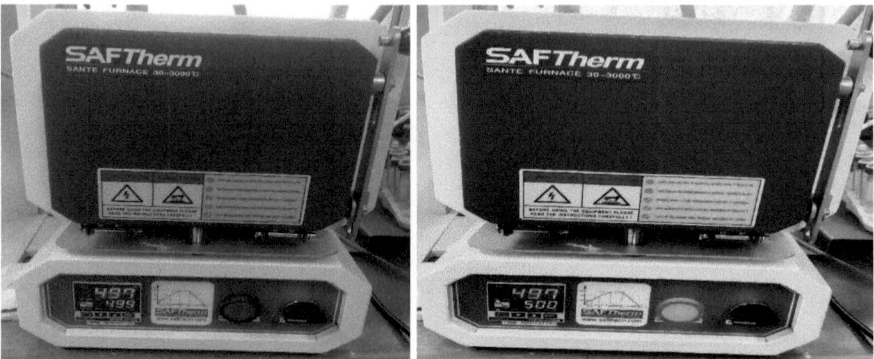

Fig 3.21: Forno de mufla SAFTHERM durante o arrefecimento e o aquecimento.

Neste processo, é utilizado o forno de mufla SAF Therm com o controlador de temperatura SRS11A. Foram dadas certas instruções ao controlador de temperatura para executar o programa para diferentes temperaturas que ocorrem durante um período de tempo estipulado. O processo de sinterização é efectuado apenas com a ajuda desta mufla. No interior do forno são mantidos 9 eléctrodos de cada vez. Consiste em elementos de aquecimento por bobina de indução no interior do material de isolamento e pode manter a temperatura a funcionar entre 30^0 C - 3000^0 C. Neste projeto, a temperatura mais elevada necessária para realizar o processo de sinterização é de 500^0 C. Tem um indicador de temperatura que apresenta o valor de regulação (SV) e o valor medido (MV), bem como o número do passo que está a ser executado no momento. Este forno pode carregar até 4 programas de 8 passos cada, ou seja, é possível escrever um total de 32 passos, carregando diferentes temperaturas e tempos definidos. Neste projeto, cada processo de sinterização demora cerca de 3 horas a ser concluído.

3.8.5 SS50AA EM SIMULADOR SOLARIX

Fig 3.22: Simulador solar SS50AAA EM ligado ao computador através do potenciómetro e do galvanóstato.

É um controlador baseado em computador que consiste numa lâmpada de arco de xénon com uma vida útil de 1500-6000 horas, com feedback da intensidade da luz para uma intensidade de saída de luz estável. É fabricado pela empresa Solarix e tem vários indicadores para o arrefecimento da lâmpada, indicador de vida útil da lâmpada, indicador de potência e arrefecimento por ar forçado. O consumo de energia deste simulador é de cerca de 0,5 kVA. Este simulador solar tem um refletor elipsoidal que rodeia a lâmpada e recolhe a maior parte da luz emitida pela lâmpada. A radiação da lâmpada é focada no integrador ótico que ajuda a produzir um feixe divergente uniforme. O feixe é desviado 90° por um espelho para uma lente de colimação. São colocados filtros especiais entre o espelho e a lente de colimação para moldar o espetro da radiação de modo a corresponder a várias massas de ar. O resultado é um feixe uniforme que se aproxima do espetro de radiação do Sol para uma determinada massa de ar. Este simulador é uma ferramenta essencial para avaliar o desempenho e as características das DSSCs em condições de iluminação controladas.

3.9   Implementação de hardware:

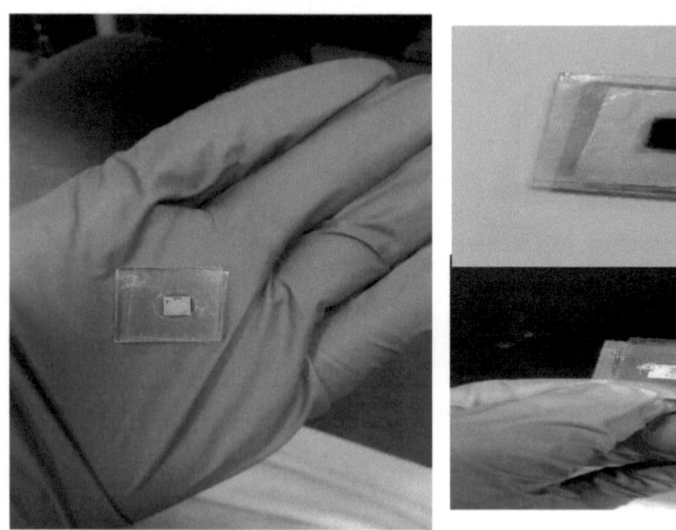

Figura 3.23s: Implementação de hardware de um grande projeto

A figura 3.13 é a demonstração física da célula solar sensibilizada por corante utilizando o N719 e o fotossensibilizador de corante CDCA com solução electrolítica de iodo montada com uma folha de surlyn. O diagrama esquemático consiste em dois eléctrodos de vidro transparente constituídos por material de óxido de estanho dopado com farinha e a área ativa da célula solar assemelha-se à parte roxa ou castanha da célula solar sensibilizada por corante. A espessura da célula solar é de cerca de 20-25 mm e a área da região ativa da DSSC é de 0,25 cm^2 . Esta célula solar sensibilizada por corante é fabricada numa sala limpa, com 50-100 partículas de pó por cm de área. A temperatura ambiente, a pressão, a humidade e o nível de oxigénio são mantidos a um nível ótimo, adequado para o fabrico de DSSC.

Capítulo 4
RESULTADOS E OBSERVAÇÃO

RECOLHA DE DADOS

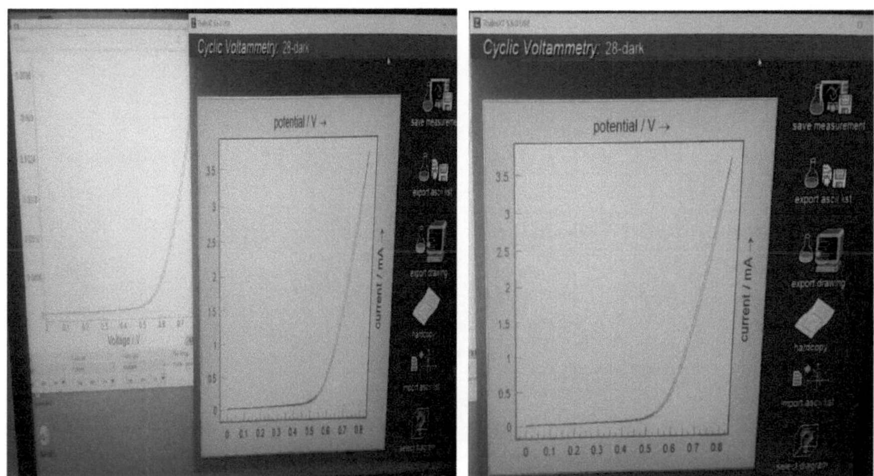

Fig 4.1 Recolha de pontos de dados a várias tensões utilizando o software Thales XT (voltametria cíclica).

	A	B	C	D	E
1	Device	V_{OC}	J_{SC}	FF	PCE
2		0.705	12.804	0.595	5.369
3		0.712	10.584	0.552	4.159
4	freshly	0.617	7.792	0.668	3.211
5	prepared	0.639	7.412	0.631	2.989
6		0.784	7.996	0.446	2.796
7		0.622	5.100	0.654	2.075
8		0.705	6.896	0.595	3.126
9		0.712	5.264	0.552	2.874
10	aged (1	0.791	4.192	0.553	1.834
11	month)	0.775	3.045	0.494	1.165
12		0.754	3.019	0.421	1.027
13		0.622	5.100	0.654	0.986

15	**Table x.** Performance parameters of the cells in this study			
16		V_{OC} (V)	J_{SC} (mA cm^{-2})	FF	PCE (%)
17	freshly prepared	0.68±0.06	8.615±2.459	0.591±0.075	3.433±1.062
18	aged (1 month)	0.727±0.056	4.586±1.357	0.545±0.074	1.835±0.873
19					

Fig 4.2 Dados relativos aos parâmetros de desempenho das células solares antes e depois da degradação

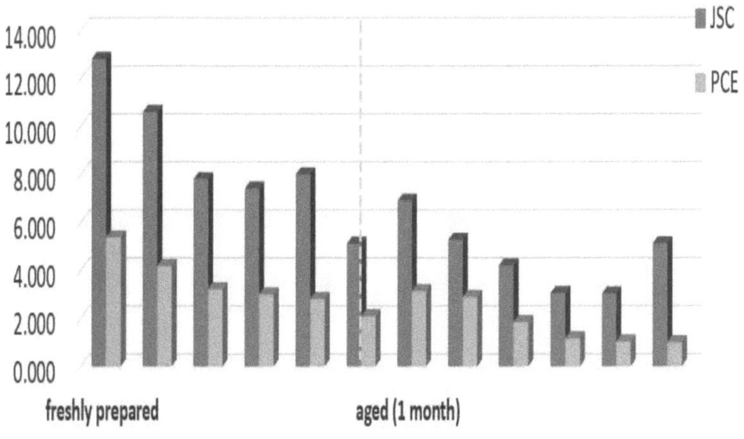

Fig 4.3 Gráfico de comparação entre a densidade de curto-circuito e a eficiência de conversão de energia da DSSC (A) antes da degradação (B) após a degradação.

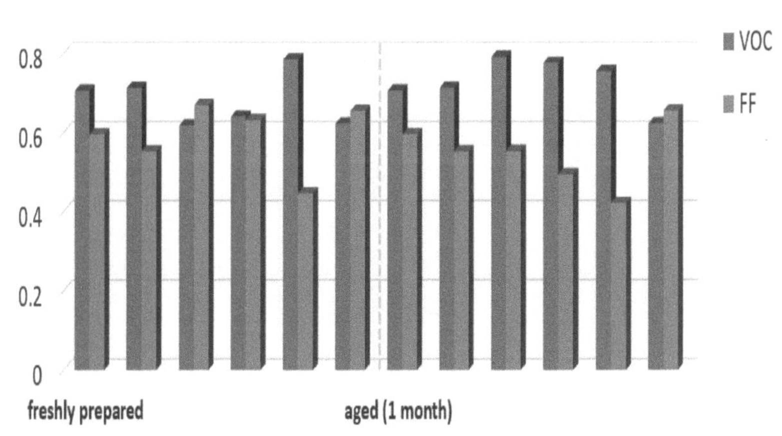

Fig 4.4 Gráfico de comparação entre a tensão de circuito aberto e o fator de enchimento da DSSC (A) antes da degradação (B) após a degradação.

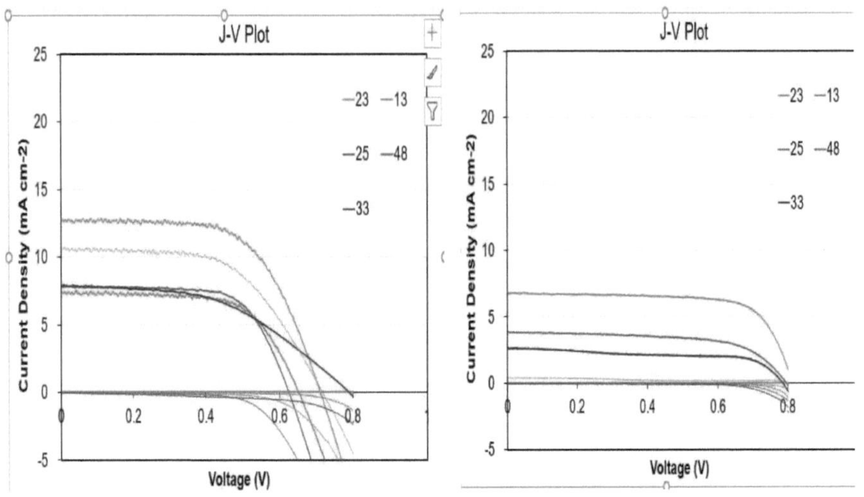

Fig 4.5 Densidade de corrente de curto-circuito (Jsc) vs tensão de circuito aberto (Voc) representação gráfica da DSSC antes e depois da degradação.

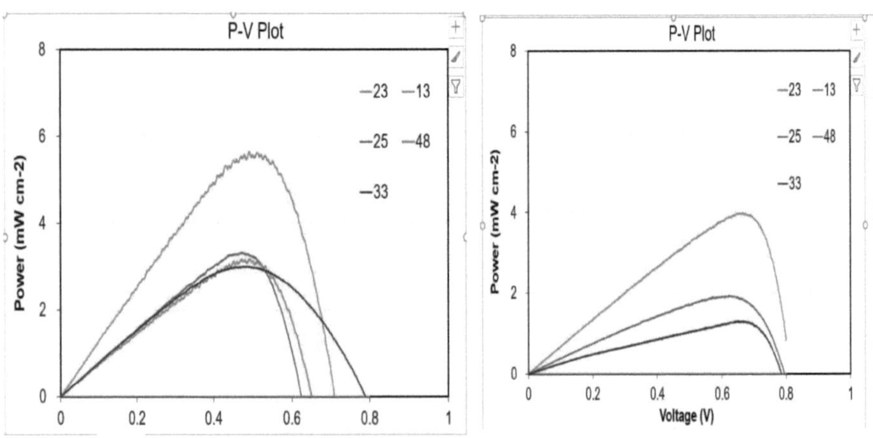

Fig 4.6 Gráfico P-V de diferentes DSSC's antes e depois da degradação.

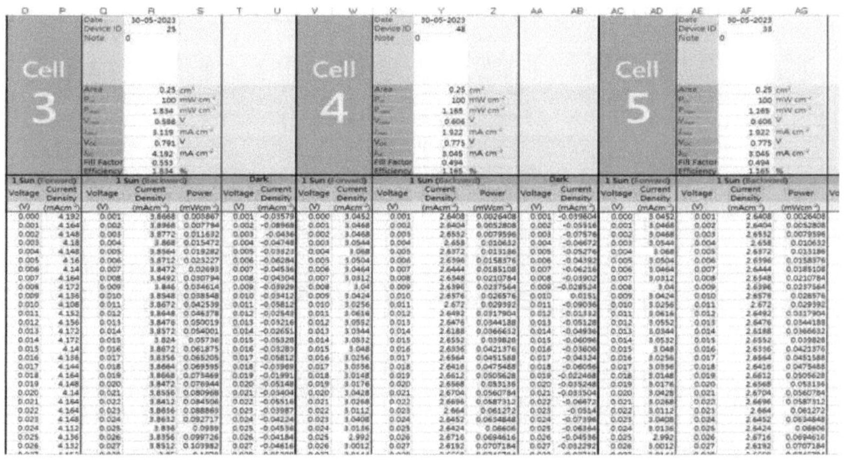

Fig 4.7 Recolha de dados de diferentes DSSC's.

ESPECTROSCOPIA DE IMPEDÂNCIA ELECTROQUÍMICA DE DSSC.

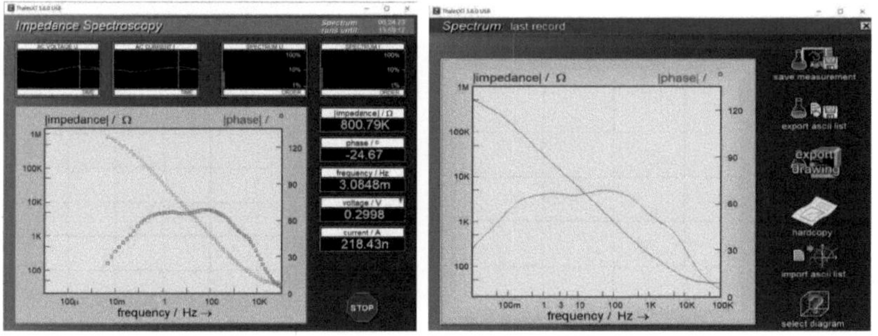

47

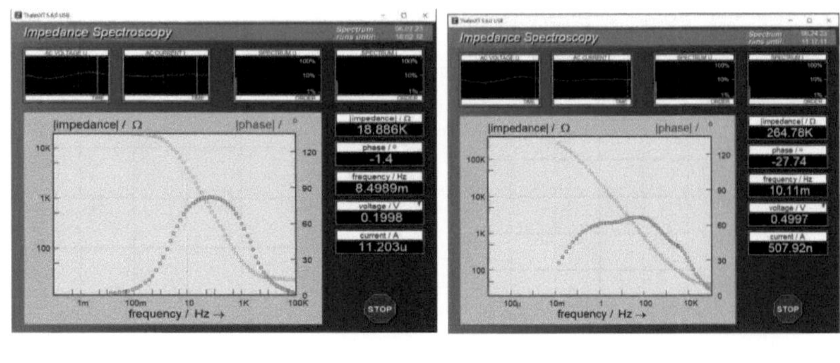

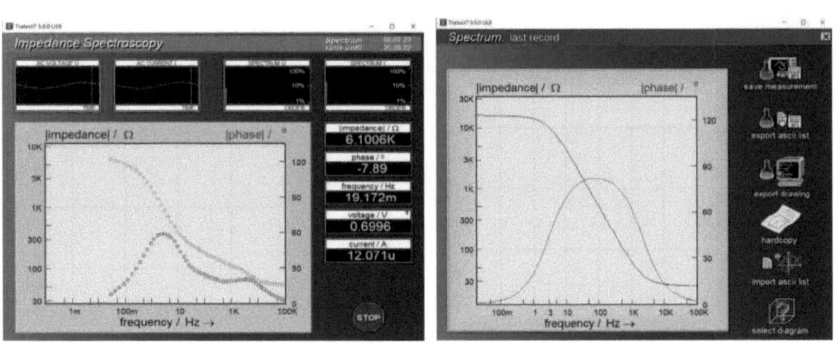

Fig 4.8 Representação gráfica EIS a várias tensões para DSSC (0-7mV).

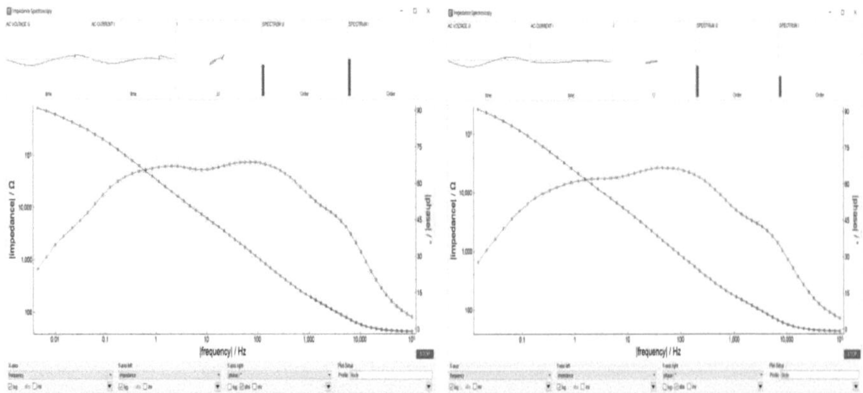

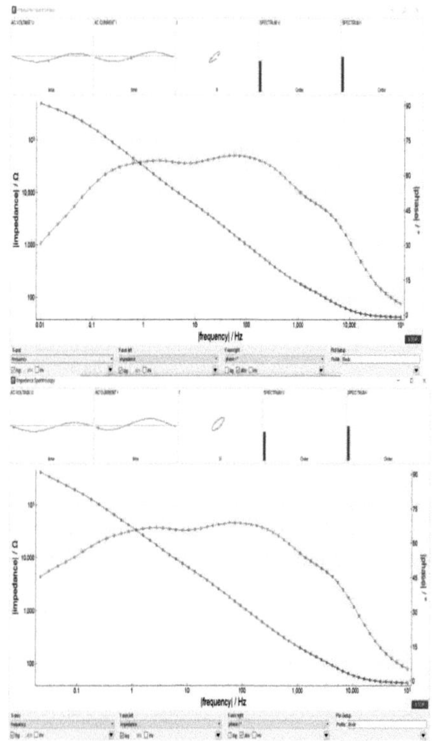

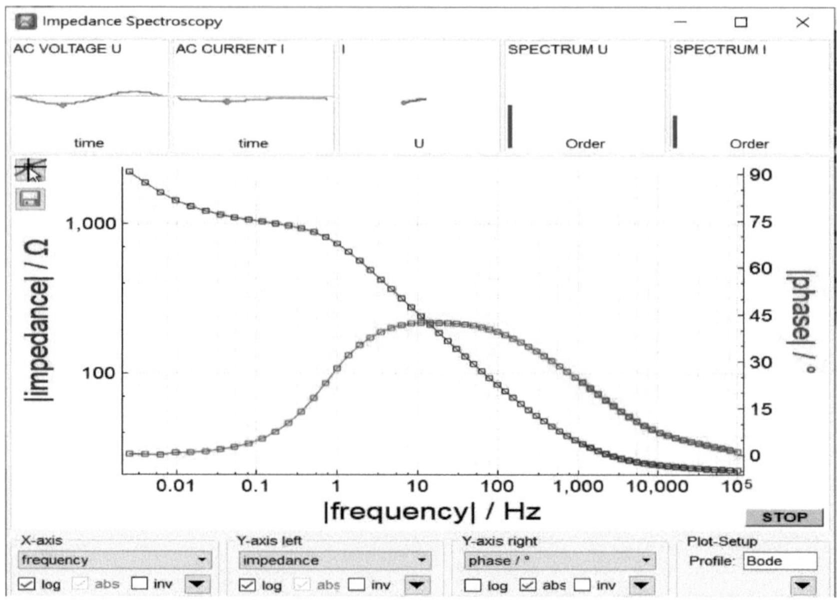

Fig 4.9 Gráfico de Bode da DSSC a várias tensões (0-7mV).

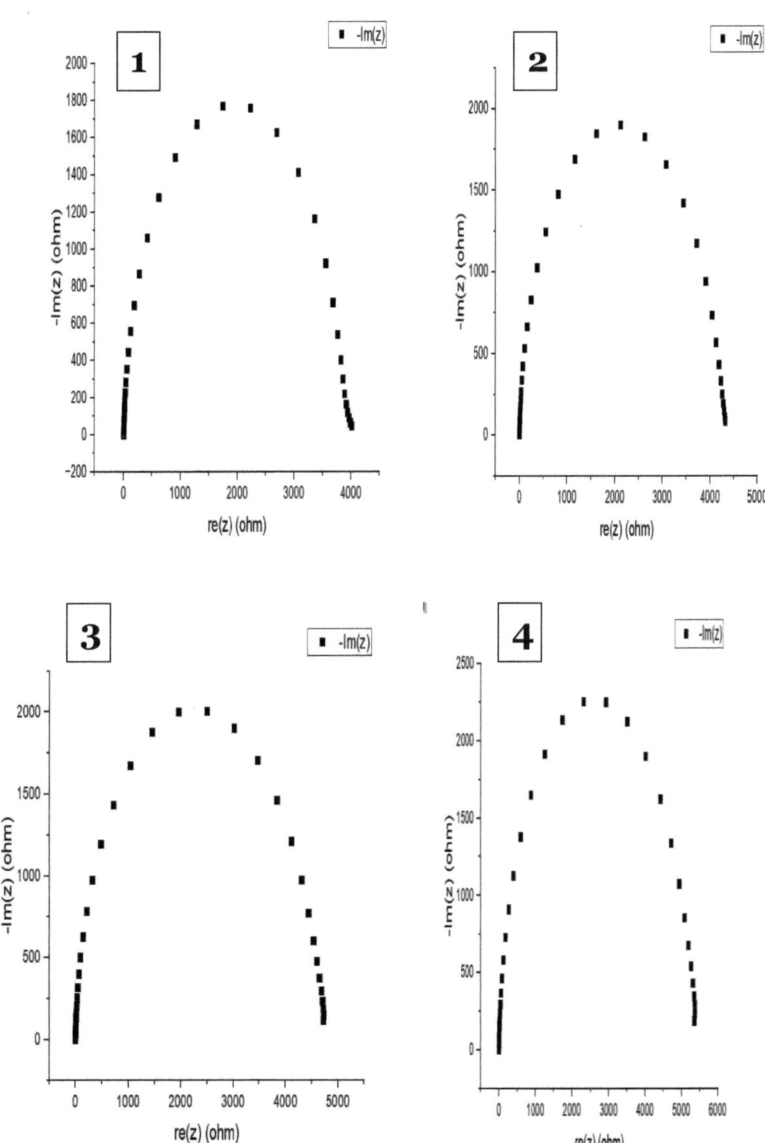
1
-Im(z)
2000
1800
1600
1400
1200
1000
800
600
400
200
0
-200
-Im(z) (ohm)
0 1000 2000 3000 4000
re(z) (ohm)
2
-Im(z)
2000
1500
1000
500
0
-Im(z) (ohm)
0 1000 2000 3000 4000 5000
re(z) (ohm)
3
-Im(z)
2000
1500
1000
500
0
-Im(z) (ohm)
0 1000 2000 3000 4000 5000
re(z) (ohm)
4
-Im(z)
2500
2000
1500
1000
500
0
-Im(z) (ohm)
0 1000 2000 3000 4000 5000 6000
re(z) (ohm)

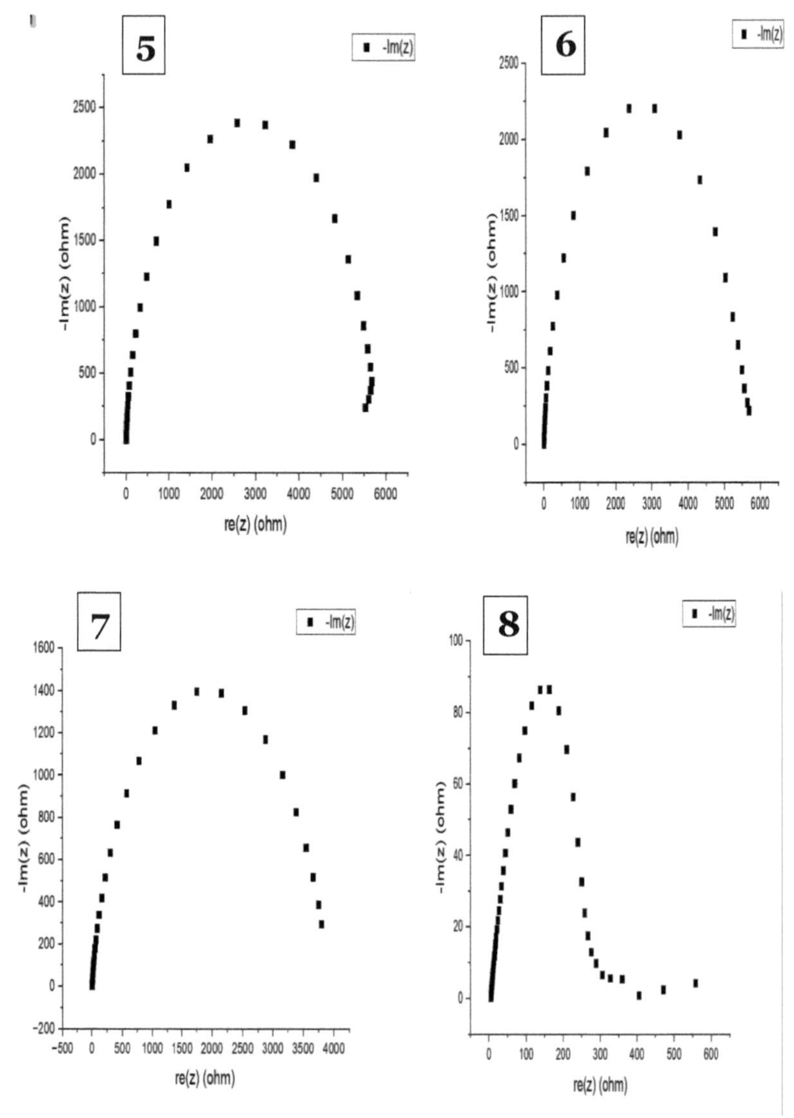

Fig 4.10 Gráfico de Nyquist do DSSC a 1. 700mv 2.600mv 3.500mv 4.400mv 5.300mv 6.200mv 7.100mv 8.0mv.

EIS ENCAIXE DA DSSC

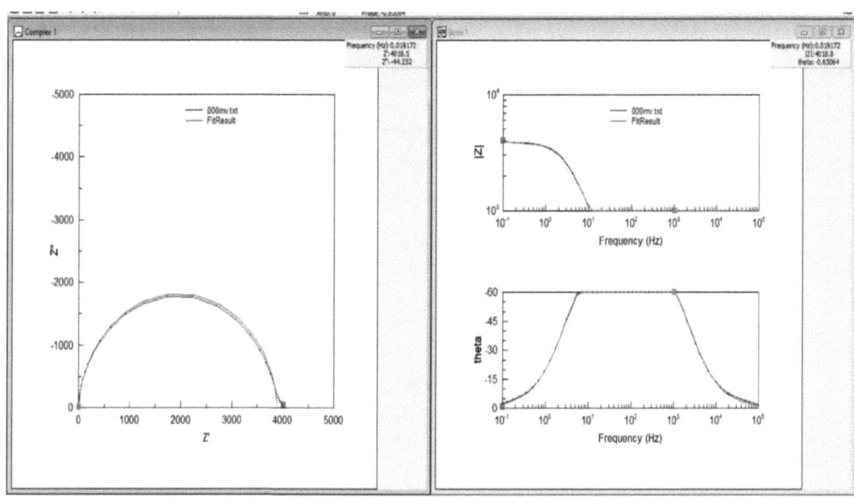

Element	Freedom	Value	Error	Error %
R1	Free(+)	6.349	0.0101	0.15908
CPE1-T	Free(+)	1.6447E-05	7.1977E-08	0.43763
CPE1-P	Free(+)	0.95904	0.00060436	0.063017
R2	Free(+)	3885	8.9133	0.22943

Chi-Squared:	0.00044915
Weighted Sum of Squares:	0.070068
Data File:	C:\Users\vtu13\OneDrive\Desktop\000mv.txt
Circuit Model File:	
Mode:	Run Fitting / Freq. Range (0.001 - 1000000)
Maximum Iterations:	100
Optimization Iterations:	100
Type of Fitting:	Complex
Type of Weighting:	Calc-Modulus

Fig 4.11 Ilustração do gráfico EIS do dispositivo DSSC a 700mv com o seu modelo de circuito equivalente.

S.	Tensão	ELEMENT	VALOR	ERRO	ERRO %	Qui-quadrado	Soma ponderada dos quadrados
No							
1	700mV	R1	6.349	0.0101	0.15908	0.00044915	0.70068
		CPE1-T	1.644E-05	7.1977E-08	0.43763		
		CPE1-P	0.95904	0.00060436	0.063017		
		R2	3885	8.9133	0.22943		
2	600mV	R1	6.048	0.012282	0.20308	0.00071267	0.11118
		CPE1-T	1.7811E-05	9.6552E-08	0.54209		
		CPE1-P	0.9551	0.00075538	0.079089		
		R2	4218	12.527	0.29699		
3	500mV	R1	5.85	0.016066	0.27463	0.0013218	0.20885
		CPE1-T	1.9678E-05	1.4015E-07	0.7122		
		CPE1-P	0.9496	0.001004	0.10573		
		R2	4606	18.237	0.39594		
4	400mV	R1	5.798	0.017795	0.30692	0.0016289	0.25736
		CPE1-T	2.2155E-05	1.7106E-07	0.77211		
		CPE1-P	0.94337	0.0011083	0.11748		
		R2	5244	24.033	0.4583		
5	300mV	R1	5.762	0.19715	3.4216	1.5668	247.55
		CPE1-T	2.7263E-05	2.2901E-05	84		
		CPE1-P	0.9292	0.027994	3.0127		
		R2	5596	299.78	5.357		
6	200mV	R1	5.736	0.018577	0.32387	0.0017591	0.2709
		CPE1-T	3.7459E-05	3.0658E-07	0.81844		
		CPE1-P	0.90904	0.0012154	0.1337		
		R2	5427	30.223	0.5569		

7	100mV	R1	5.638	0.018548	0.32898	0.0016001	0.24641
		CPE1-T	7.4385E-05	6.1113E-07	0.82158		
		CPE1-P	0.85594	0.0012744	0.14889		
		R2	3695	23.594	0.63854		
8	0mV	R1	5.379	0.071546	1.3301	0.019065	3.1266
		CPE1-T	0.0011224	4.3444E-05	3.8706		
		CPE1-P	0.6111	0.0058385	0.95541		
		R2	322.2	8.2848	2.5713		

Tabela 4.1 Coluna tabular dos parâmetros de ajuste do EIS em diferentes níveis de tensão.

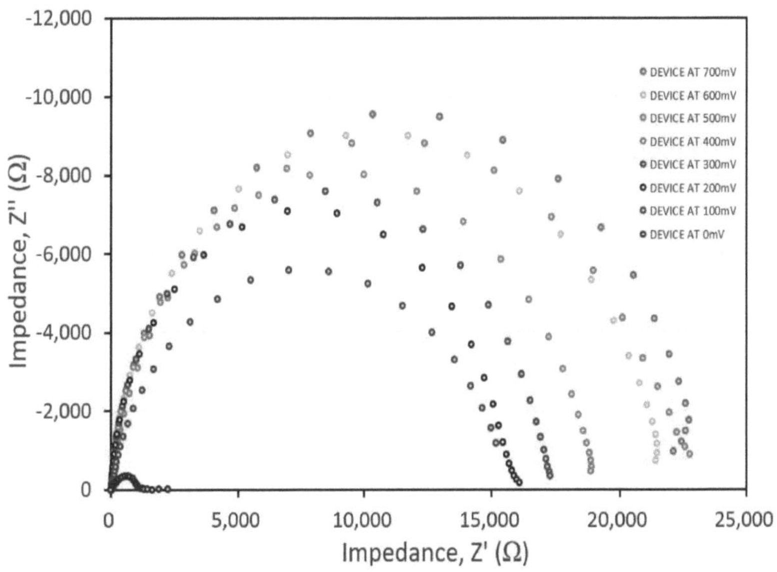

Fig 4.12 Gráfico de Nyquist da DSSC a várias tensões.

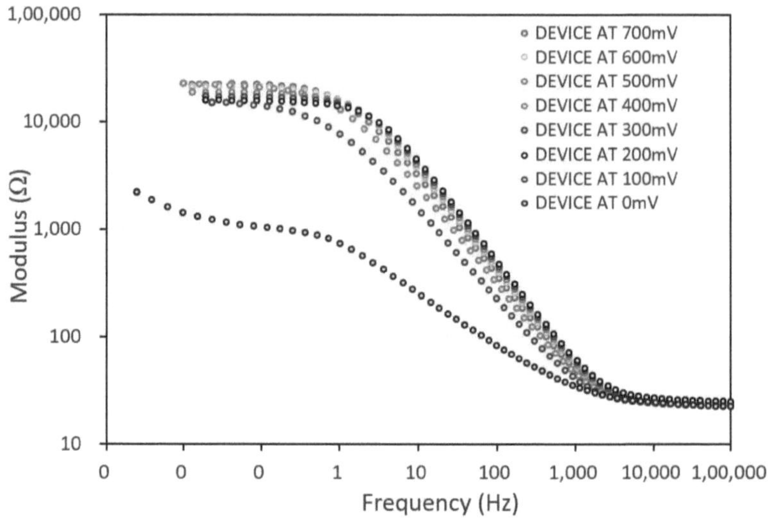

Fig 4.13 Gráfico de Bode da DSSC (Frequência vs l z l) a várias tensões.

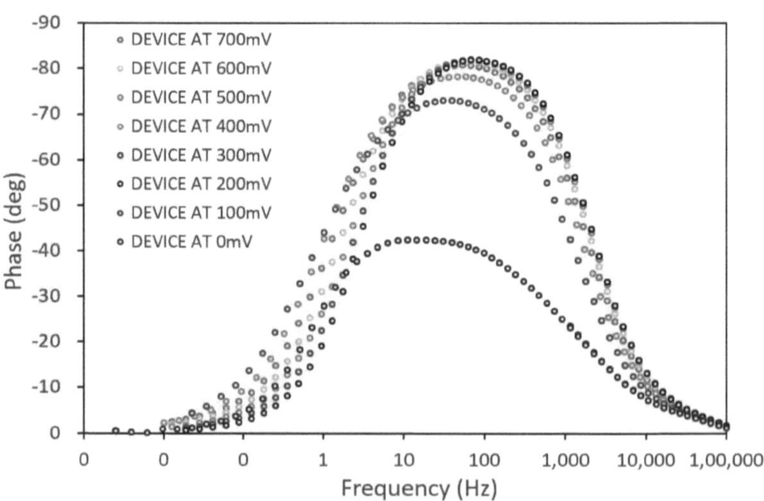

Fig 4.14 Gráfico de Bode da DSSC (Fase vs frequência) a várias tensões.

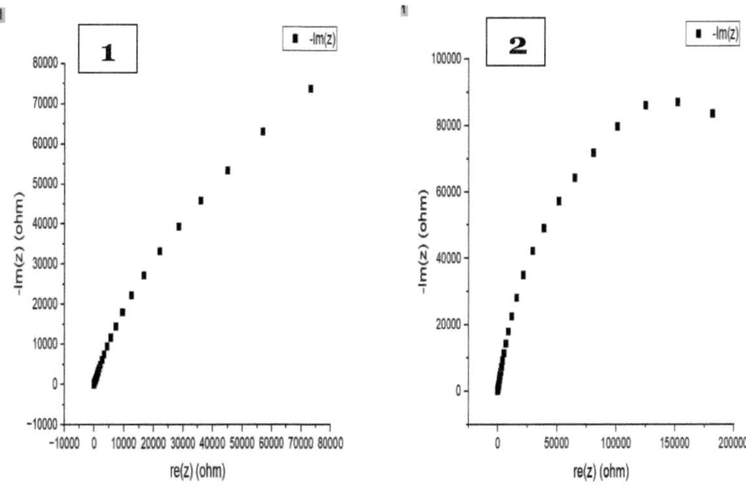

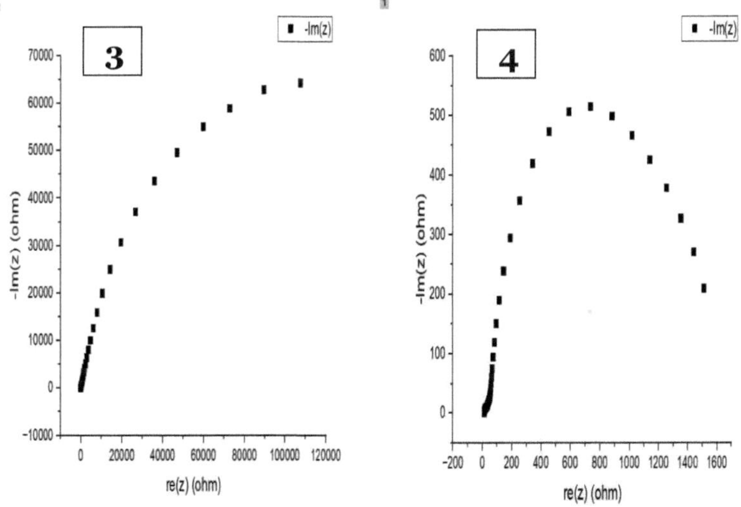

Fig 4.15 Gráfico de Nyquist do segundo dispositivo a 1. 200mv, 2. 300mv, 3. 400mv, 4. 700mv.

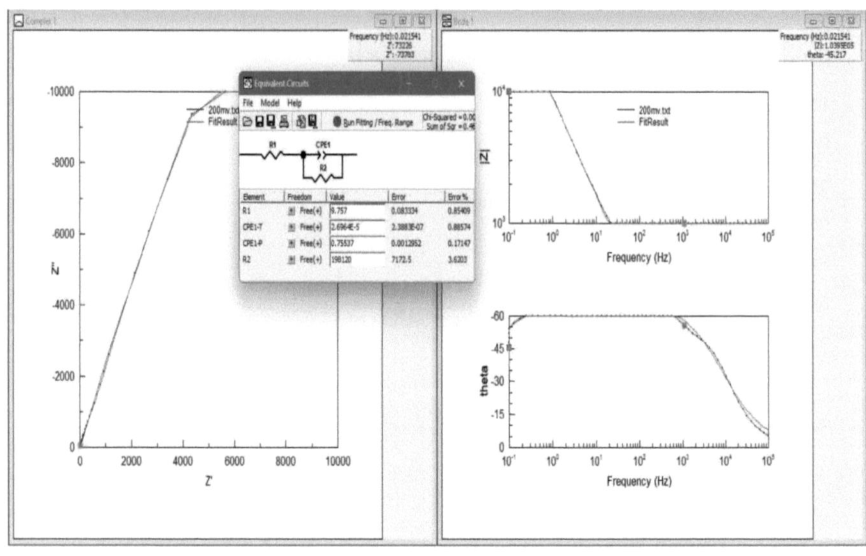

Element	Freedom	Value	Error	Error %
R1	Free(+)	9.757	0.083334	0.85409
CPE1-T	Free(+)	2.6964E-05	2.3883E-07	0.88574
CPE1-P	Free(+)	0.75537	0.0012952	0.17147
R2	Free(+)	1.9812E05	7172.5	3.6203

Chi-Squared: 0.0029163
Weighted Sum of Squares: 0.46077

Data File: C:\Users\vtu13\OneDrive\Desktop\200mv.txt
Circuit Model File:
Mode: Run Fitting / Freq. Range (0.001 - 1000000)
Maximum Iterations: 100
Optimization Iterations: 100
Type of Fitting: Complex
Type of Weighting: Calc-Modulus

Fig 4.16 Ilustração da representação gráfica EIS do dispositivo DSSC a 700 mv com o seu modelo de circuito equivalente.

S.No	Tensão	ELEMENT	VALOR	ERRO	ERRO%	Qui-quadrado	Soma ponderada dos quadrados
1	700mV	R1	9.757	0.083334	0.85409	0.0029163	0.46077
		CPE1-T	2.6964E-05	2.3883E-07	0.88574		
		CPE1-P	0.75537	0.0012952	0.17147		
		R2	1.9812E05	7172.5	3.6203		
2	400mV	R1	9.768	0.077721	0.79567	0.0026615	0.44181
		CPE1-T	2.7998E-05	2.1262E-07	0.75941		
		CPE1-P	0.75686	0.0011372	0.15025		
		R2	2.3877E05	4826	2.0212		
3	300mV	R1	9.812	0.076195	0.77655	0.0025956	0.42048
		CPE1-T	3.1171E-05	2.4544E-07	0.7874		
		CPE1-P	0.7531	0.0011769	0.15627		
		R2	1.8304E05	4610.3	2.5187		

Tabela 4.2 Coluna tabular dos parâmetros de ajuste do EIS em diferentes níveis de tensão.

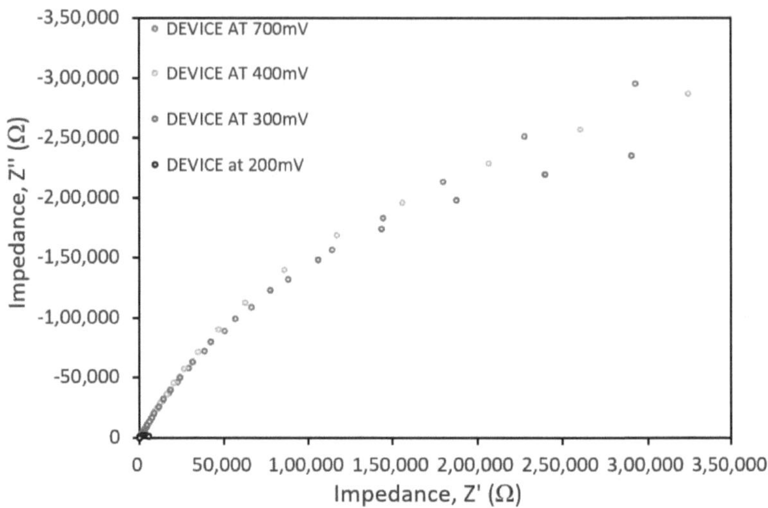

Fig 4.17 Gráfico de Nyquist da DSSC a várias tensões.

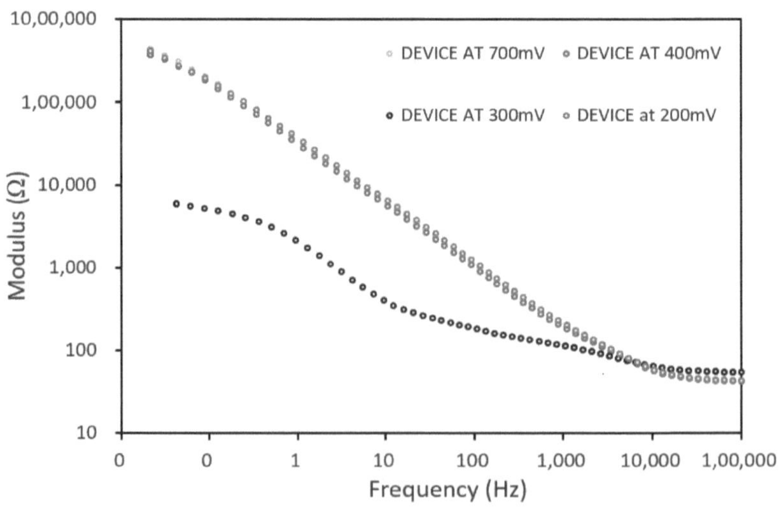

Fig 4.18 Gráfico de Bode da DSSC (Frequência vs l z l) a várias tensões.

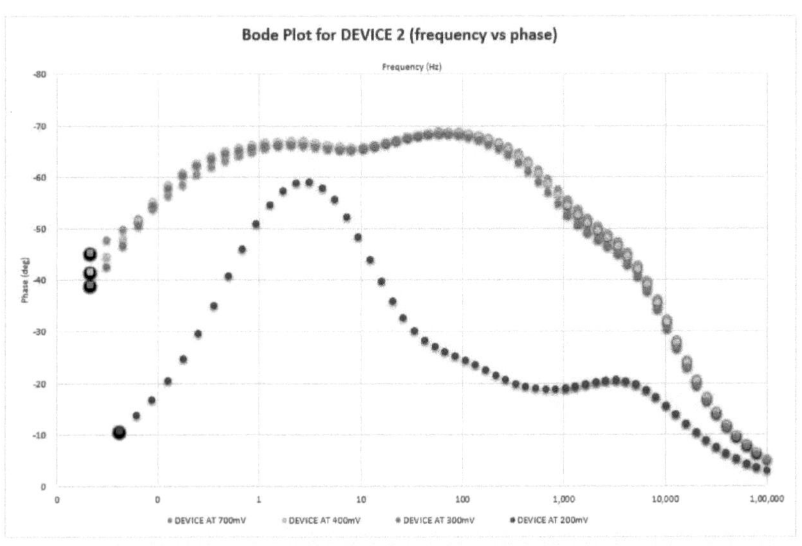

Fig 4.19 Gráfico de Bode da DSSC (Fase vs frequência) a várias tensões.

Capítulo 5
CONCLUSÃO

O fabrico bem sucedido da Célula Solar Sensibilizada por Corante (DSSC), tal como descrito no relatório, é um feito importante. As características de desempenho da DSSC foram observadas e registadas, fornecendo informações valiosas sobre a sua eficiência e funcionalidade. Foram realizadas análises de voltametria cíclica e de espetroscopia de impedância eletroquímica (EIS) na DSSC a várias tensões. Os gráficos de Nyquist e de Bode resultantes destas análises foram traçados, mostrando o comportamento da impedância e proporcionando uma compreensão mais profunda das propriedades eléctricas da DSSC. Além disso, foi concebido um modelo de circuito equivalente para representar os elementos eléctricos da DSSC com base nos dados de impedância obtidos. As aplicações das DSSC no domínio da energia verde são numerosas e apresentam um grande potencial para o desenvolvimento sustentável. À medida que as gerações futuras testemunham os avanços tecnológicos, espera-se que a vida útil e a eficiência das DSSCs melhorem, resultando numa maior produção e qualidade de energia. Devido à complexidade dos processos de fabrico, é aconselhável efetuar o fabrico de DSSCs em ambiente laboratorial sob a supervisão de um especialista ou professor. A sua orientação e experiência podem ajudar a garantir a execução correcta de cada passo e maximizar as hipóteses de sucesso na produção de DSSCs de alta qualidade.

Capítulo 6
FUTURO ÂMBITO

Uma forma de melhorar as DSSCs é utilizar materiais alternativos eficazes em cada etapa do processo de fabrico. Ao explorar novos materiais, os investigadores podem melhorar o tempo de vida e a eficiência de conversão de energia das DSSCs. As técnicas convencionais, como a serigrafia e o revestimento por rotação, podem ser automatizadas utilizando máquinas robóticas. É crucial considerar a utilização de materiais não perigosos no processo de conversão de energia. Ao utilizar materiais seguros e amigos do ambiente, as DSSCs podem contribuir para a produção de energia sustentável sem impactos negativos no ambiente ou na saúde humana. Isto alinha-se com oobjetivo de criar um sector energético mais sustentável que dê prioridade à utilização de materiais limpos e não tóxicos. Ao realçar os benefícios da utilização de materiais não perigosos e ao mostrar as melhorias obtidas através de actualizações de materiais e de técnicas de fabrico avançadas, o projeto visa contribuir para o avanço das soluções energéticas sustentáveis.

De um modo geral, o futuro das DSSCs reside na melhoria e inovação contínuas. Ao incorporar materiais alternativos, automatizar os processos de fabrico e dar prioridade a materiais não perigosos, as DSSC podem desempenhar um papel significativo no sector da energia sustentável, contribuindo para um futuro energético mais limpo e mais fiável.

Referências

[1] Dambhare, M. V., Butey, B., & Moharil, S. V. (2021). *Tecnologia solar fotovoltaica: Uma revisão de diferentes tipos de células solares e suas tendências futuras. Jornal de Física: ConferenceSeries   ,   1913(1), 012053.* doi:10.1088/1742-   6596/1913/1/012053   10.1088/1742-6596/1913/1/012053.

[2] Sharma, K., Sharma, V., & Sharma, S. S. (2018). *Células solares sensibilizadas por corante: Fundamentos e status atual.   Cartas de pesquisa em nanoescala, 13(1).* doi:10.1186/s11671-018-2760-6.

[3] Boschloo, G. (2019). "Melhorando o desempenho das células solares sensibilizadas por corante". Fronteiras em Química, 7. doi: 10.3389 / fchem.2019.00077

[4] Gong, J., Sumathy, K., Qiao, Q., & Zhou, Z. (2017). *Revisão sobre células solares sensibilizadas por corantes (DSSCs): Técnicas avançadas e tendências de pesquisa. Revisões de energia renovável e sustentável, 68, 234-246.* doi:10.1016/j.rser.2016.09.097 .

[1] Kokkonen, M., Talebi, P., Zhou, J., Asgari, S., Soomro, S. A., Elsehrawy, F., ... Hashmi, S. G. (2021). *Tendências de pesquisa avançada em células solares sensibilizadas por corante. Jornal de Química de Materiais A, 9 (17), 10527-10545.* doi: 10.1039 / d1ta00690h

[2] Carella Antonio, Borbone Fabio, Centore Roberto (2018). *Progresso da pesquisa em fotossensibilizadores para DSSC, 6, 2296-2646* doi: 10.3389 / fchem.2018.00481

[3] Susanti, D., Nafi, M., Purwaningsih, H., Fajarin, R., & Kusuma, G. E. (2014). *A Preparação de Células Solares Sensibilizadas por Corante (DSSC) a partir de TiO2 e Extrato de Tamarillo. Procedia Chemistry, 9, 3-10.* doi:10.1016/j.proche.2014.05.002.

[4] Nayak, P. K., Mahesh, S., Snaith, H. J., & Cahen, D. (2019). *Tecnologias de*

células solares fotovoltaicas: analisando o estado da arte. Nature Reviews Materials, 4(4), 269-285. doi:10.1038/s41578-019-0097-010.1038/s41578-019-0097-0

[5] Susanti, D., Nafi, M., Purwaningsih, H., Fajarin, R., & Kusuma, G. E. (2014). *A Preparação de Células Solares Sensibilizadas por Corante (DSSC) a partir de TiO2 e Extrato de Tamarillo. Procedia Chemistry, 9, 3-10.* doi:10.1016/j.proche.2014.05.002.

[6] Jinchu, I., Sreekala, C. O., & Sreelatha, K. S. (2013). *Célula solar sensibilizada por corante usando corantes naturais como cromóforos - revisão. Fórum de Ciência dos Materiais, 771, 39-51.* doi:10.4028/www.scientific.net/m

[7] Elgrishi, N., Rountree, K. J., McCarthy, B. D., Rountree, E. S., Eisenhart, T. T., & Dempsey, J. L. (2017). *Um guia prático para iniciantes em Voltametria Cíclica. JournalofChemicalEducation* , 95(2), *197–206.* doi:10.1021/acs.jchemed.7b00361.

[10]

[11] Liberatore, M., Decker, F., Burtone, L., Zardetto, V., Brown, T. M., Reale, A., & Di Carlo, A. (2009). Usando EIS para o diagnóstico do desempenho de células solares sensibilizadas por corantes. Journal of Applied Electrochemistry, 39(11), 2291-2295. doi:10.1007/s10800-009-9806-5.

[12] ukács, Z., vKristóf, T. (2020). Um modelo generalizado dos circuitos equivalentes na espetroscopia de impedância eletroquímica. Electrochimica Acta,137199.doi:10.1016/j.electacta.2020.13719910.1016/j.electacta.2020.1 37199

Printed by Books on Demand GmbH, Norderstedt / Germany